研究堆运行限值和条件及运行程序

国际原子能机构成员国

阿富汗
阿尔巴尼亚
阿尔及利亚
安哥拉
安提瓜和巴布达
阿根廷
亚美尼亚
澳大利亚
奥地利
阿塞拜疆
巴哈马
巴林
孟加拉国
巴巴多斯
白罗斯
比利时
伯利兹
贝宁
多民族玻利维亚国
波斯尼亚和黑塞哥维那
博茨瓦纳
巴西
文莱达鲁萨兰国
保加利亚
布基纳法索
布隆迪
佛得角
柬埔寨
喀麦隆
加拿大
中非共和国
乍得
智利
中国
哥伦比亚
科摩罗
刚果
库克群岛
哥斯达黎加
科特迪瓦
克罗地亚
古巴
塞浦路斯
捷克共和国
刚果民主共和国
丹麦
吉布提
多米尼克
多米尼加共和国
厄瓜多尔
埃及
萨尔瓦多
厄立特里亚
爱沙尼亚
斯威士兰
埃塞俄比亚
斐济
芬兰
法国
加蓬
冈比亚
格鲁吉亚
德国
加纳
希腊
格林纳达
危地马拉
几内亚
圭亚那
海地
教廷
洪都拉斯
匈牙利
冰岛
印度
印度尼西亚
伊朗伊斯兰共和国
伊拉克
爱尔兰
以色列
意大利
牙买加
日本
约旦
哈萨克斯坦
肯尼亚
大韩民国
科威特
吉尔吉斯斯坦
老挝人民民主共和国
拉脱维亚
黎巴嫩
莱索托
利比里亚
利比亚
列支敦士登
立陶宛
卢森堡
马达加斯加
马拉维
马来西亚
马里
马耳他
马绍尔群岛
毛里塔尼亚
毛里求斯
墨西哥
摩纳哥
蒙古
黑山
摩洛哥
莫桑比克
缅甸
纳米比亚
尼泊尔
荷兰王国
新西兰
尼加拉瓜
尼日尔
尼日利亚
北马其顿
挪威
阿曼
巴基斯坦
帕劳
巴拿马
巴布亚新几内亚
巴拉圭
秘鲁
菲律宾
波兰
葡萄牙
卡塔尔
摩尔多瓦共和国
罗马尼亚
俄罗斯联邦
卢旺达
圣基茨和尼维斯
圣卢西亚
圣文森特和格林纳丁斯
萨摩亚
圣马力诺
沙特阿拉伯
塞内加尔
塞尔维亚
塞舌尔
塞拉利昂
新加坡
斯洛伐克
斯洛文尼亚
南非
西班牙
斯里兰卡
苏丹
瑞典
瑞士
阿拉伯叙利亚共和国
塔吉克斯坦
泰国
多哥
汤加
特立尼达和多巴哥
突尼斯
土耳其
土库曼斯坦
乌干达
乌克兰
阿拉伯联合酋长国
大不列颠及北爱尔兰联合王国
坦桑尼亚联合共和国
美利坚合众国
乌拉圭
乌兹别克斯坦
瓦努阿图
委内瑞拉玻利瓦尔共和国
越南
也门
赞比亚
津巴布韦

国际原子能机构的《规约》于1956年10月23日经在纽约联合国总部举行的原子能机构《规约》会议核准， 并于1957年7月29日生效。原子能机构总部设在维也纳，其主要目标是“加速和扩大原子能对全世界和平、 健康及繁荣的贡献”。

国际原子能机构《安全标准丛书》第 SSG-83 号

研究堆运行限值和条件及运行程序

特定安全导则

国 际 原 子 能 机 构
2024 年 · 维也纳

Publishing Section
International Atomic Energy Agency
Vienna International Centre
PO Box 100
1400 Vienna, Austria
电话：+43 1 2600 22529 或 22530
电子信箱：sales.publications@iaea.org
网址：https://www.iaea.org/zh/chu-ban-wu

国际原子能机构印刷
2024年9月 · 奥地利

研究堆运行限值和条件及运行程序

国际原子能机构，奥地利，2024年9月
STI/PUB/2046
ISBN 978-92-0-512224-3（简装书：碱性纸）
978-92-0-512424-7（pdf格式）
EPUB 978-92-0-512324-0
ISSN 1020-5853

前　言

拉斐尔·马里亚诺·格罗西总干事

国际原子能机构（原子能机构）《规约》授权原子能机构“制定……旨在保护健康及尽量减少对生命与财产的危险的安全标准”。这些是原子能机构必须适用于其自身业务而且各国可以通过其国家法规来适用的标准。

原子能机构于 1958 年开始实施其安全标准计划，此后有了许多发展。作为总干事，我致力于确保原子能机构维护和改进这套具有综合性、全面性和一致性的、与时俱进的、用户友好的和适合目的的高质量安全标准。在利用核科学和技术的过程中正确地适用这些标准将为全世界的人和环境提供高水平的保护，并为持续利用核技术造福于所有人提供必要的信心。

安全是得到许多国际公约支持的一项国家责任。原子能机构的安全标准奠定了这些法律文书的基础，而且是有助于各方履行各自义务的全球基准。虽然安全标准对成员国没有法律约束力，但它们被广泛适用。对已在国家法规中采用这些标准以加强核能发电、研究堆和燃料循环设施中以及医学、工业、农业和研究领域核应用中的安全的绝大多数成员国而言，它们已成为不可或缺的基准点和共同标准。

原子能机构的安全标准以原子能机构成员国的实际经验为基础，并通过国际协商一致产生。各安全标准分委员会、核安保导则委员会和安全标准委员会成员的参与尤其重要，我向所有为这项工作贡献自己的知识和专长的人表示感谢。

原子能机构在通过评审工作组访问和咨询服务向成员国提供援助时，也使用这些安全标准。这有助于成员国适用这些标准，并使得能够共享宝贵经验和真知灼见。在安全标准的定期修订过程中，会考虑到这些工作组访问和服务的反馈，以及从使用和适用安全标准的事件和经历中汲取的教训。

我相信，原子能机构安全标准及其适用将为确保在使用核技术时实现高水平安全作出宝贵的贡献。我鼓励所有成员国宣传和适用这些安全标准，并与原子能机构合作，在现在和将来维护其质量。

国际原子能机构安全标准

背景

放射性是一种自然现象，因而天然辐射源的存在是环境的特征。辐射和放射性物质具有许多有益的用途，从发电到医学、工业和农业应用不一而足。必须就这些应用可能对工作人员、公众和环境造成的辐射危险进行评定，并在必要时加以控制。

因此，辐射的医学应用、核装置的运行、放射性物质的生产、运输和使用以及放射性废物的管理等活动都必须服从安全标准的约束。

对安全实施监管是国家的一项责任。然而，辐射危险有可能超越国界，因此，国际合作的目的就是通过交流经验和提高控制危险、预防事故、应当对紧急情况和减缓任何有害后果的能力来促进和加强全球安全。

各国负有勤勉管理义务和谨慎行事责任，而且理应履行其各自的国家和国际承诺与义务。

国际安全标准为各国履行一般国际法原则规定的义务例如与环境保护有关的义务提供支持。国际安全标准还促进和确保对安全建立信心，并为国际商业与贸易提供便利。

全球核安全制度已经建立，并且正在不断地加以改进。对实施有约束力的国际文书和国家安全基础结构提供支撑的原子能机构安全标准是这一全球性制度的一座基石。原子能机构安全标准是缔约国根据这些国际公约评价各缔约国遵约情况的一个有用工具。

原子能机构安全标准

原子能机构安全标准的地位源于原子能机构《规约》，其中授权原子能机构与联合国主管机关及有关专门机构协商并在适当领域与之合作，以制定或采取旨在保护健康及尽量减少对生命与财产之危险的安全标准，并对其适用作出规定。

为了确保保护人类和环境免受电离辐射的有害影响，原子能机构安全标准制定了基本安全原则、安全要求和安全措施，以控制对人类的辐射照射和放射性物质向环境的释放，限制可能导致核反应堆堆芯、核链式反应、辐射源或任何其他辐射源失控的事件发生的可能性，并在发生这类事件时减轻其后果。这些标准适用于引起辐射危险的设施和活动，其中包括核装置、辐射和辐射源利用、放射性物质运输和放射性废物管理。

安全措施和安保措施[1]具有保护生命和健康以及保护环境的共同目的。安全措施和安保措施的制订和执行必须统筹兼顾，以便安保措施不损害安全，以及安全措施不损害安保。

原子能机构安全标准反映了有关保护人类和环境免受电离辐射有害影响的高水平安全在构成要素方面的国际共识。这些安全标准以原子能机构《安全标准丛书》的形式印发，该丛书分以下三类（见图 1）。

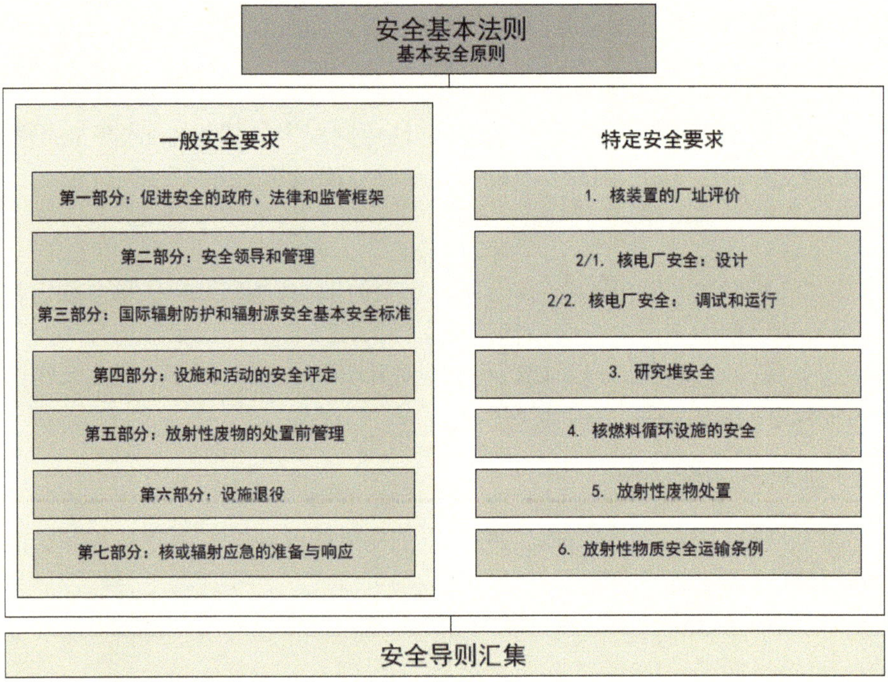

图 1. 国际原子能机构《安全标准丛书》的长期结构。

---

[1] 另见以原子能机构《核安保丛书》印发的出版物。

安全基本法则

“安全基本法则”阐述防护和安全的基本安全目标和原则，以及为安全要求提供依据。

安全要求

一套统筹兼顾和协调一致的“安全要求”确定为确保现在和将来保护人类与环境所必须满足的各项要求。这些要求遵循“安全基本法则”提出的目标和原则。如果不能满足这些要求，则必须采取措施以达到或恢复所要求的安全水平。这些要求的格式和类型便于其用于以协调一致的方式制定国家监管框架。这些要求包括带编号的“总体”要求用“必须”来表述。许多要求并不针对某一特定方，暗示的是相关各方负责履行这些要求。

安全导则

“安全导则”就如何遵守安全要求提出建议和指导性意见，并表明需要采取建议的措施（或等效的可替代措施）的国际共识。“安全导则”介绍国际良好实践并且不断反映最佳实践，以帮助用户努力实现高水平安全。“安全导则”中的建议用“应当”来表述。

原子能机构安全标准的适用

原子能机构成员国中安全标准的使用者是监管机构和其他相关国家当局。共同发起组织及设计、建造和运行核设施的许多组织以及涉及利用辐射源和放射源的组织也使用原子能机构安全标准。

原子能机构安全标准在相关情况下适用于为和平目的利用的一切现有和新的设施和活动的整个寿期，并适用于为减轻现有辐射危险而采取的防护行动。各国可以将这些安全标准作为制订有关设施和活动的国家法规的参考。

原子能机构《规约》规定这些安全标准在原子能机构实施本身的工作方面对其有约束力，并且在实施由原子能机构援助的工作方面对国家也具有约束力。

原子能机构安全标准还是原子能机构安全评审服务的依据，原子能机构利用这些标准支持开展能力建设，包括编写教程和开设培训班。

国际公约中载有与原子能机构安全标准中所载相类似的要求，从而使其对缔约国有约束力。由国际公约、行业标准和详细的国家要求作为补充的原子能机构安全标准为保护人类和环境奠定了一致的基础。还会出现一些需要在国家一级加以评定的特殊安全问题。例如，有许多原子能机构安全标准特别是那些涉及规划或设计中的安全问题的标准意在主要适用于新设施和新活动。原子能机构安全标准中所规定的要求在一些按照早期标准建造的现有设施中可能没有得到充分满足。对这类设施如何适用安全标准应由各国自己作出决定。

原子能机构安全标准所依据的科学考虑因素为有关安全的决策提供了客观依据，但决策者还须做出明智的判断，并确定如何才能最好地权衡一项行动或活动所带来的好处与其所产生的相关辐射危险和任何其他不利影响。

原子能机构安全标准的制定过程

编写和审查安全标准的工作涉及原子能机构秘书处及分别负责应急准备和响应（应急准备和响应标准委员会）、核安全（核安全标准委员会）、辐射安全（辐射安全标准委员会）、放射性废物安全（废物安全标准委员会）和放射性物质安全运输（运输安全标准委员会）的五个安全标准分委员会以及一个负责监督原子能机构安全标准计划的安全标准委员会（安全标准委员会）（见图 2）。

原子能机构所有成员国均可指定专家参加安全标准分委员会的工作，并可就标准草案提出意见。安全标准委员会的成员由总干事任命，并包括负责制订国家标准的政府高级官员。

已经为原子能机构安全标准的规划、制订、审查、修订和最终确立过程确定了一套管理系统。该系统阐明了原子能机构的任务；今后适用安全标准、政策和战略的思路以及相应的职责。

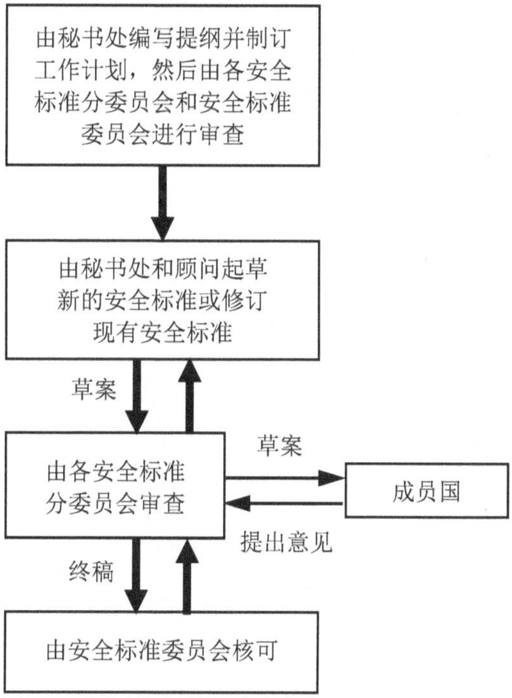

图 2.　制订新安全标准或修订现行标准的过程。

与其他国际组织的合作关系

在制定原子能机构安全标准的过程中考虑了联合国原子辐射效应科学委员会的结论和国际专家机构特别是国际放射防护委员会的建议。一些标准的制定是在联合国系统的其他机构或其他专门机构的合作下进行的，这些机构包括联合国粮食及农业组织、联合国环境规划署、国际劳工组织、经合组织核能机构、泛美卫生组织和世界卫生组织。

文本的解释

安全和核安保相关术语应理解为《国际原子能机构核安全和核安保术语》（见 https://www.iaea.org/resources/publications/iaea-nuclear-safety-and-security-glossary）中的术语。就“安全导则”而言，英文文本系权威性文本。

原子能机构《安全标准丛书》中每一标准的背景和范畴及其目的、范围和结构均在每一出版物第一章“导言”中加以说明。

在正文中没有适当位置的资料（例如对正文起辅助作用或独立于正文的资料；为支持正文中的陈述而列入的资料；或叙述计算方法、程序或限值和条件的资料）以附录或附件的形式列出。

如列有附录，该附录被视为安全标准的一个不可分割的组成部分。附录中所列资料具有与正文相同的地位，而且原子能机构承认其作者身份。正文中如列有附件和脚注，这些附件和脚注则被用来提供实例或补充资料或解释。附件和脚注不是正文不可分割的组成部分。原子能机构发表的附件资料并不一定以作者身份印发；列于其他作者名下的资料可以安全标准附件的形式列出。必要时将摘录和改编附件中所列外来资料，以使其更具通用性。

目 录

1. 导言

背景

1.1. 原子能机构《安全标准丛书》第 SSR-3 号《研究堆的安全》[1]规定了研究堆安全要求，特别强调其设计和运行。

1.2. 本“安全导则”提供了关于研究堆运行限值和条件（OLCs）[1] 和运行程序的建议。

1.3. 本“安全导则”是与其他七份关于研究堆安全的安全导则同时编写的，内容如下：

(a) 原子能机构《安全标准丛书》第 SSG-80 号《研究堆的调试》[2]；
(b) 原子能机构《安全标准丛书》第 SSG-81 号《研究堆的维护、定期试验和视察》[3]；
(c) 原子能机构《安全标准丛书》第 SSG-82 号《研究堆堆芯管理和燃料装卸》[4]；
(d) 原子能机构《安全标准丛书》第 SSG-84 号《研究堆营运组织和人员招聘、培训与资格》[5]；
(e) 原子能机构《安全标准丛书》第 SSG-85 号《研究堆设计和运行中的辐射防护和放射性废物管理》[6]；
(f) 原子能机构《安全标准丛书》第 SSG-10（Rev.1）号《研究堆老化管理》[7]；
(g) 原子能机构《安全标准丛书》第 SSG-37（Rev.1）号《研究堆安全重要仪器仪表和控制系统与软件》[8]。

---

[1] 术语“安全规范”或“安全运行的技术规范”和“一般运行规范”有时用于表示运行限值和条件。这些术语通常包括安全限值，安全系统设置，安全运行限值和条件；维护、定期试验和视察的要求，以及行政要求。在一些国家，“运行规范”术语是指相当于安全限值、安全系统设置和安全运行限值和条件，但不包括维护要求、定期试验和视察或行政要求。

1.4. 关于研究堆安全的其他建议见原子能机构《安全标准丛书》第 SSG-20（Rev.1）号《研究堆安全评定和安全分析报告的编写》[9]和第 SSG-24（Rev.1）号《研究堆的利用和改造安全》[10]。

1.5. 本“安全导则”使用的术语应当按照原子能机构《核安全和安保术语》[11]定义和解释来理解。

1.6. 本“安全导则”替代原子能机构《安全标准丛书》第 NS-G-4.4 号《研究堆运行限值和条件及运行程序》。[2]

目的

1.7. 本“安全导则”的目的是提供关于开发、制定和展示研究堆运行限值和条件及运行程序的建议，以满足 SSR-3[1]规定的相关要求，特别是要求 71 和 74。

1.8. 本“安全导则”提供的建议是针对研究堆的营运组织、监管机构和参与研究堆项目的其他组织的。

范围

1.9. 本“安全导则”主要用于额定功率高达几十兆瓦的非均匀性热谱研究堆。对于更高功率的研究堆、特种反应堆（如快堆）和具有专用设施的反应堆（如热或冷中子源、高压和高温回路），可能需要额外的指导。对于上述研究堆，原子能机构《安全标准丛书》第 SSG-70 号《核电厂运行限值和条件以及运行程序》[12]提供的建议可能更合适。均相反应堆和加速器驱动系统不在本出版物的范围内。

1.10. 一些潜在危害较低的研究堆、临界组件和次临界组件可能需要具有针对性的调试程序。虽然本“安全导则”的所有建议都应当予以考虑，但有些建议可能不适用于此类研究堆、临界组件和次临界组件（见 SSR-3[1]要

[2] 国际原子能机构《研究堆运行限值和条件及运行程序》，国际原子能机构《安全标准丛书》第 NS-G-4.4 号，国际原子能机构，维也纳（2008 年）。

求 12 和第 2.15－2.17 段，以及原子能机构《安全标准丛书》第 SSG-22（Rev.1）号《分级方法在适用研究堆安全要求中的使用》[13]）。

1.11. 在本“安全导则”，只有当特定建议与次临界组件无关或仅适用于次临界组件时，才会单独提及次临界组件。

结构

1.12. 第 2 部分提供了关于研究堆管理系统的建议，因为它与运行限值和条件及运行程序相关；第 3 部分描述了运行限值和条件与保护人类和环境免受电离辐射有害影响的基本安全目标之间的关系，并就运行限值和条件的概念、运行限值和条件的必要性及其开发、营运组织和监管机构在编写和评审运行限值和条件中的角色和责任以及运行限值和条件的属性提出了建议；第 4 部分提供了关于运行限值和条件文件以及运行限值和条件应当涵盖的安全参数和系统的建议，包括这些参数的维护、定期试验和视察要求。第 4 部分还就运行限值和条件应当涵盖的行政要求提出了建议；第 5 部分提供了关于制定运行程序的建议，包括营运组织、运行人员、辐射防护人员、反应堆安全委员会、反应堆经理 [3] 和监管机构在制定和实施程序方面的职能和责任；第 6 部分就各种类型的运行程序的格式和内容以及每一类程序中要处理的特定专题提出了建议；第 7 部分提供了关于培训人员使用程序的建议。第 8 部分就如何确保遵守运行限值和条件及运行程序，包括需要保留符合性记录提出了建议。

1.13. 附录 I 提供了在建立安全运行和监督要求的限值和条件时通常应当考虑的因素清单；附录 II 提供了第 6 部分确定类别的典型运行程序清单。

---

[3] 反应堆经理是反应堆管理人员中的一员，其直接责任和授权由营运组织分配，负责反应堆的安全运行，其主要职责是履行这一责任。

2. 研究堆管理系统对运行限值和条件及运行程序的应用

2.1. 需要为研究堆项目开发一个集安全、健康、环境、安保、质量、人力和组织因素、社会和经济因素于一体的管理系统（见 SSR-3[1]要求 4）。管理系统的文件应当描述控制运行限值和条件及运行程序开发和实施的系统。管理系统（或其部分）可能需要监管机构的批准（见 SSR-3[1]第 4.12 段）。

2.2. 根据 SSR-3[1]第 4.13－4.20 段，要求管理系统涵盖以下四个职能类别：

(a) 管理责任：包括提供实现本组织目标所需的手段和管理支助（见本“安全导则”第 2.7 段和第 2.8 段）；
(b) 资源管理：包括确保确定和提供对实施策略和实现组织目标至关重要资源所需的措施（见本“安全导则”第 2.9－2.12 段）；
(c) 过程实施：包括实现组织目标所需的行动和任务（见本“安全导则”第 2.13 段和第 2.14 段）；
(d) 管理系统测量、评定和改进：包括为评价管理流程和工作绩效的有效性而开展的活动（见本“安全导则”第 2.15－2.19 段）。

原子能机构《安全标准丛书》第 GSR Part 2 号《安全的领导和管理》[14]确立了管理系统的一般要求。原子能机构《安全标准丛书》第 GS-G-3.1 号《设施和活动管理系统的适用》[15] 和第 GS-G-3.5 号《核装置管理系统》[16]提供了特定建议。

2.3. 作为管理系统的一部分，应当建立运行限值和条件的管理安排和运行程序。这些安排应当适用于安全重要所有物项、服务和流程，并应当使人们相信，按照 SSR-3[1]第 4.16 段的要求，活动是按照既定的规范、标准、规范、程序和行政控制安全进行的。管理系统还应当包括一些规定，以确保有效沟通和明确责任分配的方式计划、执行和控制运行限值和条件及运行程序的变更。

2.4. 在建立管理系统时，需要根据每个物项或过程对安全的相对重要性采用分级方法（见 SSR-3[1]第 4.7 段）。

2.5. 适用于运行限值和条件及运行程序的管理系统的目标应当是确保研究堆满足以下要求：

(a) 监管要求；
(b) 设计要求和假设；
(c) 安全评定和安全分析报告（见 SSR-3[1]要求 1）；
(d) 研究堆运行限值和条件（用于制定运行程序）（见 SSR-3[1]要求 71）；
(e) 与研究堆管理相关的行政要求。

2.6. 管理系统需要支持建立、实施和加强强有力的安全文化（见 GSR Part 2 [14]第 1.5 (b) 段和第 4.9 段）。这种安全文化应当应用于运行限值和条件及运行程序开发和实施的所有方面。

研究堆运行限值和条件及运行程序管理责任

2.7. 营运组织有责任分别根据 SSR-3[1]要求 71 和 74 为研究堆安全运行准备和发布运行限值和条件及运行程序。反应堆经理应当积极参与这些活动的实施和评价。

2.8. 营运组织的管理层应当确保运行限值和条件及运行程序的制定和实施过程描述如何评定、管理、授权和执行这些活动，以确保运行限值和条件及运行程序的目标得到满足，并确保研究堆（包括实验设施）的安全运行。这些程序应当记录在案，并应当包括对组织机构、职能责任、授权级别以及评定、管理、授权、执行、控制或监督这些活动的人员的接口说明。文件还应当涵盖其他管理措施，包括活动的计划和时间安排、资源分配和人因。

研究堆运行限值和条件及运行程序资源管理

2.9. 营运组织必须提供足够的资源来实施运行限值和条件及运行程序（见 SSR-3[1]第 4.15 段）。应当通过以下行动实现这一目标：

(a) 根据 SSR-3[1]要求 70，确定必要的能力并在适当的情况下提供培训，以确保营运组织的人员有能力执行其分配的工作；
(b) 监督执行安全相关活动的外部人员（包括实验人员、供应商和承包商），并确保这些人员经过充分培训并合格。

2.10. SSR-3[1]第 4.15 (b) 段指出：

> “管理系统必须确保：……外部人员（包括供应商和实验人员）经过充分培训和合格，并在与反应堆人员相同的控制和标准下开展活动”。

不直接为研究堆工作的人员，以及参与实施运行限值和条件及运行程序的合同组织人员，应当接受适当的培训，并有资格从事他们将要从事的工作。运行人员应当在工作准备期间、工作执行期间以及验收试验和视察期间，在工作现场评审参与实施运行限值和条件及运行程序外部人员的工作。

2.11. SSR-3[1]第 4.15 (a) 段指出：

> “管理系统必须确保：……安全重要结构、系统和部件的供应商、制造商和设计人员有一个有效的综合管理系统，并通过监查来确认其有效性”。

营运组织的管理系统应当扩大到包括与供应商、制造商和设计人员的安排。

2.12. SSR-3[1]第 4.15 (c) 段指出：“管理系统必须确保：……以安全方式进行工作所需的设备、工具、材料、硬件和软件得到识别、提供、检查、核实和维护。”

研究堆运行限值和条件及运行程序过程实施

2.13. 与研究堆运行限值和条件相关的活动应当按照批准的程序和指示进行和记录。管理系统应当规定开发、实施和修改运行限值和条件及运行程序的过程，以确保它们已被正确构思和实施。

2.14. 管理系统应当规定探测和纠正任何偏离运行限值和条件和任何违反运行程序的方法。这可以通过营运组织的定期评审和评定来完成。

运行限值和条件及运行程序相关管理系统测量、评定和改进

2.15. SSR-3[1]第 4.20 段指出：

> “必须通过独立评定和自评定定期测量和评定管理系统的有效性。必须识别和纠正流程中的弱点。营运组织必须评定这种评定的结果，并必须确定和采取必要的行动以持续改进。”

2.16. 应当建立评定措施，包括评审和核实，以确保运行限值和条件及运行程序的开发和实施符合设计意图。这些措施应当包括：

(a) 评审运行限值和条件及运行程序；
(b) 核实运行限值和条件及运行程序的执行情况；
(c) 评审和核实与运行限值和条件及运行程序相关的记录、结果和报告，包括不符合项的状态和纠正措施；
(d) 使用来自运行经验的反馈；
(e) 核实纠正措施的充分性和及时性。

2.17. 应当说明待评定的物项和评定之间的最大间隔时间，可包括以下内容：

(a) 在符合运行限值和条件和任何许可证条件方面进行研究堆运行；
(b) 营运组织对违反运行限值和条件的响应（见 SSR-3[1]第 7.41－7.43 段）；
(c) 许可证程序的实施；
(d) 向监管机构报告的事件；
(e) 研究堆应急计划（包括演习和演练）和应急程序（见本“安全导则”第 6.53－6.57 段）；
(f) 运行人员培训计划（见第 7 部分）；
(g) 文件的更新。

2.18. 与研究堆运行限值和条件及运行程序相关的管理系统的有效实施应当由不直接参与这些运行限值和条件及运行程序开发和实施的合格人员进行评定。

2.19. 应当建立一个机构负责代表营运组织对运行限值和条件及运行程序进行独立评定。如 SSR-3[1]第 7.19 段所述，这种评定可由反应堆安全委员会进行。营运组织应当评价这种独立评定的结果，并应当确定和采取必要的行动来实施改进的建议和拟议。

3. 研究堆运行限值和条件的开发

3.1. SSR-3[1]第 7.33 段指出：

> "对反应堆安全重要一套运行限值和条件，包括安全限值、安全系统设置、安全运行限值和条件、监视、试验和维护要求以及管理要求，必须在运行开始前建立并提交监管机构评审、评定和批准。"

提交运行限值和条件供监管机构评审和批准是许可程序的一个重要部分，在此基础上，营运组织有权运行研究堆。

3.2. 运行限值和条件应当形成反应堆参数值和系统条件的包络或边界，研究堆运行在该包络或边界内在安全分析报告中证明是安全的，并且现场人员、公众和环境得到充分保护免受放射性危害。

3.3. SSR-3[1]第 7.32 段指出：

> "运行限值和条件必须构成授权营运组织运行研究堆设施的基础重要部分。设施必须在运行限值和条件下运行，以防止出现可能导致预计运行事件或事故工况的情况，并在此类事件发生时缓解其后果。必须制定运行限值和条件，以确保反应堆的运行符合设计假设和意图，并符合其许可证条件。"

3.4. SSR-3[1]第 3.7 段指出："安全分析报告中的安全分析必须构成反应堆运行限值和条件的基础。"为了满足这一要求，应当编写安全分析报告，以便清楚地确定研究堆安全运行所需的运行限值和条件。

3.5. SSR-3[1]第 7.34 段指出：

> "运行限值和条件必须得到充分界定、明确确立和适当证实（例如，明确说明每项运行限值或条件的目标、适用性和规范，即其规定的限值和基准）。"

应当在关于运行限值和条件的文件中酌情明确说明每个运行限值和条件的目标、适用性、规范和正当性，以提高运行人员对运行限值和条件应用和遵守的认识。

3.6. 运行限值和条件技术方面应当涵盖要遵守的限值以及运行要求，以确保安全重要结构、系统和部件能够履行研究堆安全分析报告中假想预计功能。

3.7. 安全运行取决于运行人员以及设备和程序，因此，运行限值和条件还必须包括运行人员应当采取的行动和应当遵守的限值（见 SSR-3[1]第 7.37 段和第 7.40－7.43 段）。这包括维护、定期试验和视察（见 SSR-3[1]第 7.38 段和第 7.39 段）的要求，以及为补充维护已建立的运行限值和条件所涉及设备功能而采取的必要纠正或补充行动。有些运行限值和条件可能涉及自动功能和运行人员动作的组合。

3.8. 研究堆运行限值和条件必须包括以下物项（见 SSR-3[1]第 7.35－7.40 段）：

(a) 安全限值（见本“安全导则”第 4.5－4.14 段）；
(b) 安全系统设置（见本“安全导则”第 4.15－4.19 段）；
(c) 安全运行限值和条件（见本“安全导则”第 4.20－4.29 段）；
(d) 维护、定期试验和视察的要求（见本“安全导则”第 4.30－4.35 段）；
(e) 管理要求（见本“安全导则”第 4.36－4.45 段）。

3.9. 运行限值和条件的开发应当考虑到反应堆设计、安全分析和安全分析报告关于运行的信息。在界定运行限值和条件时，应当确保纵深防御水平的独立性及其足够的可靠性。本计划的内容和格式应当适合其主要目的，并应当考虑到以下目标：

(a) 便利核实研究堆运行是否符合批准的运行限值和条件；
(b) 促进运行人员对运行限值和条件的应用和遵守需要的理解和认识。

3.10. 营运组织负责编写运行限值和条件，并将其作为授权申请的一部分提交给监管机构（见 SSR-3[1]第 7.33 段和第 7.34 段）。目的是核实每个运行限值和条件都有充分的依据，为安全分析报告中分析的事故提供足够的安全裕度，并符合监管要求。营运组织在编写运行限值和条件时应当咨询设计人员，并应当确保运行人员了解并遵守运行限值和条件。拟议的运行限值和条件在提交给监管机构之前应当由反应堆安全委员会评审。当监管机构对运行施加特定限制时，营运组织必须确保运行限值和条件得到适当修改（见 SSR-3[1]第 7.34 段）。

3.11. 营运组织应当为可能需要监管授权反应堆运行的每个阶段准备运行限值和条件（见 SSR-3[1]第 3.4 段）。例如，反应堆的调试阶段通常需要特定的运行限值和条件，此类运行限值和条件可在此阶段完成后进行修改。SSG-80[2]提供了调试阶段运行限值和条件的进一步建议。同样，在特殊条件下，如进行特定实验或进行反应堆改造，可能需要特殊的运行限值和条件来运行反应堆。SSG-24（Rev.1）[10]提供了进一步的建议。运行限值和条件变化的其他原因可能是观察到现有参数值或条件的不足、反应堆运行期间获得的运行经验、技术进步或长期关闭或退役。

3.12. 营运组织应当结合安全分析报告对运行限值和条件进行定期评审，以便根据运行经验和任何技术开发进行修改。营运组织负责根据需要及时向监管机构提交对现有运行限值和条件的任何增加或更改，以供评审和批准。即使设施未被改造，也应当与安全分析报告的评审一起进行定期评审。

3.13. SSR-3[1]要求 71 规定：“**研究堆设施的营运组织必须确保研究堆按照运行限值和条件运行。**”在这种情况下，营运组织应当确保保存足够的记录，以便于监查和视察，以核实研究堆运行符合运行限值和条件。此外，要求营运组织制定在违反安全运行限值和条件或超过安全限值时应当遵循的程序（见 SSR-3[1]第 7.42 段和第 7.43 段）。

3.14. 监管机构应当进行监管视察，包括营运组织和反应堆管理，以及研究堆运行，以核实是否符合批准的运行限值和条件。原子能机构《安全标准丛书》第 GSG-13 号《安全监管机构的职能和程序》[17]提供了关于监管视察的进一步建议。

研究堆运行限值和条件的属性

3.15. 运行限值和条件的呈现方式可能因国家而异，这取决于国家法规和实践以及特定的研究堆。它的范围可以从一个简短的限值和限制条件清单到一套详细的规范以及目标、适用性声明和针对每个规范的基准（见第 3.4 段）。理想情况下，应当采用较长的格式，包括对每个安全限值、安全系统设置和安全运行限值和条件的目标、适用性、规范和基准的简要描述，作为良好实践。在适当的情况下，陈述格式还应当包括一份陈述，描述在偏离运行限值和条件或违反运行限值和条件的情况下应当采取的行动（以及允许的完成时间）（见第 4.45 段）。

3.16. 运行限值和条件采用的陈述格式也可以适当地用于列报维护、定期试验和视察的相关要求（见第 4.30－4.35 段）和管理要求（见第 4.36－4.45 段）。维护、定期试验和视察的要求可包含在文件中关于安全运行限值和条件的章节中，也可在运行限值和条件文件的单独章节中规定。维护、定期试验和视察的要求应当包括可运行性检查和校准（如适用），并应当明确规定核实符合运行限值和条件规定的安全运行性能水平所需的试验频率和范围。

3.17. 清晰的陈述和避免歧义对于可靠地使用运行限值和条件是必要的，在编写将提交给运行人员的运行限值和条件文件的早期阶段，应当寻求关于人因的建议。应当解释术语的含义以帮助防止误解。

3.18. 对研究堆的所有改造都必须进行评审，以确定是否有必要对运行限值和条件进行修改（见 SSR-3[1]第 7.99 段和第 7.100 段）。对运行限值和条件的任何修改都应当由反应堆安全委员会进行评审，并根据需要由监管机构进行评定和批准。SSG-24（Rev.1）[10]提供了进一步的建议。

3.19. 每当有必要临时修改运行限值和条件时，例如为了进行试验或实验，应当特别注意确保对相关的影响进行分析。修改后的状态虽然是临时的，要求至少与永久修改相同的批准级别（见 SSR-3[1]第 7.101 段）。如果可能的话，任何合理的替代方法都应当优先于对运行限值和条件的临时修改（另见 SSR-3[1]第 7.104 段）。

3.20. 可以考虑在运行限值和条件的优化中应用概率安全评定。概率评定方法和运行经验可用于运行限值和条件的论证和修改。

运行限值和条件规范的目的

3.21. 运行限值和条件应当对负责的运行人员有意义。应当明确说明运行限值和条件规范的目标，运行限值和条件应当根据可测量或可直接识别的参数值进行规范。这一点很重要，因为从规范本身来看，目标可能并不明确。例如，如果特定运行限值和条件的目标是确保燃料包壳的完整性，则可以指定温度水平。然而，如果没有测量包壳温度的仪器仪表，可能需要指定反应堆功率水平、通过堆芯的冷却剂流速、冷却剂入口温度和燃料上方的水高度。从这四个规范来看，最终目标是确保包壳的完整性，这并不是显而易见的。限制参数与其他可测量参数的关系应当以表格或图表表示。限值或条件的表述方式应当明确在任何情况下是否发生了不符合行为。

运行限值和条件适用性规范

3.22. 运行限值和条件的适用性应当在声明中明确，声明指反应堆的运行模式（如启动、正常运行、换料）以及规范适用的参数、部件、系统和管理要求。应当包括这样的适用性声明，以帮助确保对每个运行限值和条件规范的范围有清晰和正确的理解，例如，可以指定适用于给定运行限值和条件的堆芯冷却模式（例如自然、能动）。

运行限值和条件规范

3.23. 运行限值和条件规范由一个特定参数值或一组参数值的陈述组成，可以是单个值，也可以是一系列可能的值。该规范可涉及结构、系统、部件、运行、维护要求、定期试验和视察或行政要求。该规范应当以清晰简洁的方式陈述，并且不应当与其他规范相冲突。规范可以从设计、安全分析报告或运行经验中得出。

运行限值和条件规范的基准

3.24. SSR-3[1]第 7.34 段指出：

> "运行限值和条件的选择及其数值必须基于安全分析、反应堆设计或与运行相关的方面，并必须与更新的安全分析报告明显一致，必须反映反应堆的现状，并必须符合监管机构规定的许可证条件。"

为了帮助确保满足这一要求，应当说明在运行限值和条件规范内选择值的基准。这些可能是基于运行经验或实验结果的简单保守的陈述。应当包括对安全分析报告相关章节的参考及简要总结。目的应当是证明规范中的值是为正常运行而保守选择的。应当适当考虑校准误差、测量精度和系统响应时间和/或运行人员的响应时间等因素。

4. 研究堆运行限值和条件文件的内容

4.1. 研究堆运行限值和条件的内容和呈现结构可能因国家而异。然而，所有与安全运行相关的物项都应当包括在运行限值和条件中。运行限值和条件文件的内容可以按以下方式安排：目录，定义，导言，安全限值，安全系统设置，安全运行限值和条件，维护、定期试验和视察的要求，以及行政要求。本部分将考虑其中的每一项。

目录

4.2. 目录应当提供足够的详细信息，以便于参考特定的运行限值和条件。

定义

4.3. 应当给出运行限值和条件文件中使用的特定术语的定义。此外，还应当提供研究堆特定任何术语的定义。

导言

4.4. 导言应当包含关于研究堆营运组织和运行限值和条件文件作者的一般信息，如有必要，包括其运行历史。导言还应当包括对运行限值和条件的任何限制的声明。应当注意的是运行限值和条件仅适用于研究堆调试阶段。最后，应当有一份声明，说明研究堆的所有运行都将按照运行限值和条件进行。

研究堆安全限值

4.5. 安全限值是运行过程参数值的限值，在此限值内，研究堆运行已被证明是安全的。安全限值是必要的，以保护主要实物屏障的完整性，防止在所有运行状态和设计基准事故中不受控制的放射性排放或照射超过监管限度。对于许多研究堆来说，这一主要的实物屏障是燃料元件的包壳，通过冷却，包壳的温度保持在一定限值以下，从而确保包壳的完整性。对于一些研究堆，主要的实物屏障是一回路冷却剂边界。

4.6. 应当通过保守的方法确定安全限值，确保考虑到与安全分析相关的所有不确定性。这意味着超过一个单一的安全限值并不总是导致不可接受的后果。

4.7. SSR-3[1]第 7.43 段指出：

> “如果超过安全限值，必须关闭反应堆并使其保持安全状态，并必须对受到质疑的安全重要物项进行视察。在这种情况下，必须立即通知监管机构，营运组织必须对原因进行调查，并在反应堆恢复运行前向监管机构提交评定报告。”

只有在进行了适当的评价并根据既定程序批准重新启动后，才能恢复正常运行。

4.8. 如果有测量方法，燃料温度可以用作安全限值的基准。如果仅在堆芯的一个位置测量温度，则测量的温度应当与堆芯中的最高燃料温度相关联。

4.9. 在一些研究堆中，可能没有测量燃料温度的规定。在这种情况下，安全限值仍然可以是从燃料特性导出的最大燃料温度，然而，安全限值通常用测量的其他相关参数来表示，例如中子通量密度、热功率水平、通过堆芯的冷却剂流量、冷却剂入口温度或出口温度、冷却剂压力和冷却剂在堆芯上方的高度。如果堆芯可以通过强制对流或自然对流冷却，则应当为每种冷却模式制定安全限值。

4.10. 安全限值的选择至关重要，应当慎重考虑。例如，通常用于建立安全限值的核态沸腾的起始点，代表了研究堆不希望但不是不安全的工况。然而，偏离核态沸腾和流动不稳定性是安全重要工况，因此这些条件可用于建立安全限值。由于这个原因，反应堆运行被限制在功率水平，使得燃料元件中的最大热流密度仅为燃耗热流密度的一小部分。在某些情况下（例如，对于低功率研究堆），安全限值的设定可能非常保守。

4.11. 燃料包壳的最大允许表面温度应当设定为安全限值。该安全限值应当适用于最热的冷却剂通道，通过停堆即使在泵发生故障并伴有以下情况时也不应当超过该限值。一些通过强制对流冷却的研究堆，在泵故障和反应堆关闭的情况下，反应堆可以通过冷却剂流动方向逆转的自然对流方式冷却。即使在这种情况下，也不应当超过安全限值。

4.12. 应当在安全分析报告或其他相关文件中显示，在任何运行状态下都不会超过安全限值。

4.13. 安全限值的规范应当清晰准确，并应当说明其适用的参数和限值的目的。安全限值的基准应当提供足够的信息，以帮助确保运行人员和监管机构清楚地了解其安全意义。

4.14. 尽管安全壳或密封装置（如有）的完整性对于限制事故的放射性后果很重要，但安全壳或密封装置完整性的丧失本身不会导致燃料包壳的损坏。因此，安全壳或密封装置的完整性不包括在安全限值中，但应当包括在安全运行限值和条件中。

研究堆安全系统设置

4.15. SSR-3[1]要求 50 规定：“**必须为研究堆提供保护系统，以启动自动动作来启动实现和维持安全状态所需的安全系统。**”保护系统监控分配了安全限值的参数，自动动作的设定点被定义为安全系统设置。

4.16. 提供一些安全系统设置来启动工程安全系统的运行，以限制预计运行事件的过程，从而不超过安全限值或缓解假想事故的后果。

4.17. 应当建立安全系统设置，以确保在安全分析报告中假定的参数值范围内自动启动安全系统，尽管在调整标称设定点时可能会出现误差。应当提供适当的警报，使运行人员能够在达到安全系统设置之前启动纠正措施。

4.18. 应当为研究堆的所有运行状态建立安全系统设置。在确定安全系统设置时，应当考虑流程不确定性和测量不确定性、仪器仪表反应当以及与计算相关的不确定性。

4.19. 任何安全系统设置的规范都应当清晰准确，并应当说明其适用的参数和安全系统设置的目标。安全系统设置的基准应当包含足够的信息，以帮助确保运行人员和监管机构清楚地理解其安全意义。

研究堆安全运行限值和条件

4.20. SSR-3[1]第 7.37 段指出：

> “必须建立安全运行限值和条件，以确保在正常运行值和安全系统设置之间存在可接受的裕度。安全运行限值和条件必须包括对运行参数的限制，与可运行设备的最低可用性和最低人员配备水平相关的要求，以及运行人员为保持安全系统的设置而必须采取的规定行动。”

4.21. 安全运行限值和条件是对设备和运行参数值的行政约束，在研究堆的启动、运行、停堆和关闭期间必须遵守，以提供符合监管要求和许可条件的安全运行保证。安全运行限值和条件还应当确保安全系统和附加安全功能在所有必要的设施状态下都能发挥作用。

4.22. 安全运行限值和条件应当与安全分析报告一致，并尽可能源自安全分析报告。在反应堆的所有运行状态下，都应当遵守安全运行限值和条件。

遵守安全运行限值和条件可防止达到安全系统设置，解决可能给公众带来风险的其他因素，并确保在所有运行状态和事故工况下实现安全功能。

4.23. 安全运行限值和条件应当包括系统的不可用性规范，以及如果不满足这些规范，达到安全后备状态（即给定设备对安全不必要的状态，如反应堆停堆或反应堆功率降低）所允许的时间。在描述运行人员要采取的行动时（见第 4.20 段），还应当包括完成这些行动所允许的时间。

4.24. 可运行性要求应当说明研究堆的各种运行模式，安全重要系统或部件的数量，这些系统或部件应当处于运行状态或备用状态。这些可运行性要求定义了每种正常运行模式的最低安全设施配置。在确定最低安全配置时，应当保持研究堆实施的纵深防御水平的独立性。如果不能满足可运行性要求，应当特定说明要采取的行动，还应当说明完成这些行动所允许的时间。

4.25. 反应堆启动的可运行性要求应当比反应堆运行期间为运行灵活性而设定的要求更严格。应当具体说明启动所需的结构、系统和部件。

4.26. 对于安全相关设备的可运行性要求，应当考虑设备冗余和可靠性的设计规定（见 SSR-3[1]要求 23－28）以及在不增加不可接受的风险的情况下允许设备不可运行的期限。确定什么构成不可接受的风险增加的基准应当在运行限值和条件中明确记录。

4.27. 每个安全运行限值和条件的目标、适用性和规范应当清楚准确地说明，其基准应当包含足够的信息，以帮助确保运行人员和监管机构清楚地了解其安全意义。

4.28. 安全运行限值和条件的数量可能很大，即使对于低功率的研究堆也是如此。因此，限值和条件应当按专题分组。这种分组的一个示例如下：

(a) 燃料、燃料元件和组件；
(b) 新燃料和辐照燃料的燃料装卸和贮存；
(c) 反应堆堆芯布置；
(d) 反应性和反应性控制系统；
(e) 反应堆保护系统和反应堆停堆系统；
(f) 燃料装载、反应堆启动和运行；
(g) 冷却系统和连接系统；

(h) 密封系统或密封装置，包括通风；
(i) 运行辐射防护和放射性废物管理；
(j) 仪器仪表和控制系统；
(k) 实验设备；
(l) 电力供应系统；
(m) 辅助系统和设备；
(n) 其他限值。

4.29. 附录 I 提供了在确定安全运行限值和条件时要考虑的选定因素清单。

作为研究堆运行限值和条件一部分的维护、定期试验和视察的要求

4.30. 为确保安全系统的设置、安全运行限值和条件始终得到遵守，应当根据批准的维护、定期试验和视察计划对相关系统和部件进行监控、视察、检查、校准和试验。SSG-81[3]提供了关于研究堆维护、定期试验和视察的建议。

4.31. 要求研究堆的设计允许对所有安全重要物项进行适当的功能试验和视察（见 SSR-3[1]要求 31）。因此，所有符合安全系统设置和安全运行限值和条件的物项都应当进行某种形式的定期试验。试验计划应当规定试验的频率和范围以及验收标准，以表明符合安全系统设置和安全运行限值和条件的物项的性能要求。要求根据平均间隔规定试验频率，最大间隔不得超过（见 SSR-3[1]第 7.39 段），以便在视察、可运行性检查或校准的时间安排中提供运行灵活性。

4.32. 维护、定期试验和视察的要求应当在程序中规定，包括明确的验收标准，以确保运行人员清楚地理解系统可运行性和部件可运行性的要求。应当记录验收标准和被确认的运行限值和条件之间的关系。

4.33. 维护、定期试验和视察的要求可以根据它们所涉及的系统或以混合方式进行分组，例如按主要系统的要求组（例如反应性控制系统、反应堆水池或储罐、安全壳和/或密封系统）或涵盖相关活动的要求组（例如启动前的试验、每月试验、季度试验、例行监控、个人剂量测定）来提出。

4.34. 维护、定期试验和视察的要求还应当包括旨在检测腐蚀、疲劳和其他机制导致的老化和其他类型退化的活动，视情况而定：SSG-10（Rev.1）[7]

提供了进一步的建议。这类活动将包括对非能动系统和安全运行限值和条件明确涵盖的系统进行无损检测。如果发现退化条件，应当评定对系统可运行性的影响，并酌情采取行动。

4.35. 一些运行限值和条件，包括维护、定期试验和视察的要求，可能不适用于研究堆的长期关闭。例如，功率测量通道的校准可以被推迟，但应当在下一次反应堆启动之前执行。在长期关闭期间，例如在主要维护或改造期间，可能需要一些额外的维护、定期试验和视察要求。由于这些原因，长期关闭时间的维护、定期试验和视察要求可能会单独规定。

研究堆运行限值和条件相关行政要求

4.36. SSR-3[1]第 7.40 段指出：

> "运行限值和条件必须包括相关组织机构和反应堆安全运行关键职位职责的行政要求或控制、人员配备、设施人员的培训和复训、评审和监查程序、改造、试验、记录和报告，以及违反运行限值和条件后所需采取的行动。"

4.37. 安全相关程序的清单也可以包括在运行限值和条件文件中。这些与安全相关的程序应当由反应堆安全委员会评审，并可由监管机构批准。

组织机构

4.38. 设施的组织机构应当以组织机构图的形式提出，并简要说明组织各部分的职能。图表应当显示根据许可证或授权条款负责研究堆安全的营运组织的关键人员，包括反应堆经理、值长和反应堆运行员。

人员配备

4.39. 研究堆所有运行状态下各学科的最低人员配备应当由营运组织规定。必要的人员配备将随着研究堆的复杂性和功率水平而变化。还应当规定执行安全相关职能运行人员的最低资格。

设施人员的培训和复训

4.40. 行政要求应当包括一项声明，说明反应堆经理、值长、反应堆操纵员、辐射防护人员、实验人员、维护人员、应急工作人员和其他经常在研究堆工作的人员应当接受适当培训。应当特定说明需要证书或执照的人员（见SSR-3[1]第 7.5 段）。如适用，还应当说明该证书或执照的有效期。SSG-84[5]提供了培训建议。

评审及监查程序

4.41. 应当说明反应堆安全委员会评审的要求。反应堆安全委员会应当评审的物项包括：

(a) 对运行限值和条件或研究堆授权的拟议变更；
(b) 对试验、实验、设备、系统或程序的拟议变更，以及具有安全意义的新试验、实验、设备、系统或程序；
(c) 对研究堆进行与安全相关的改造；
(d) 违反运行限值和条件或许可证条件，或未能遵守具有安全意义的程序；
(e) 需要向监管机构报告或已经向监管机构报告的事件；
(f) 人员和公众的日常放射性排放和照射；
(g) 定期评审研究堆运行和安全绩效。

利用和改造

4.42. 研究堆安全利用和改造的行政要求应当包括在运行限值和条件中。行政要求中应当包括决定哪些实验或改造应当提交给监管机构的导则。SSG-24（Rev.1）[10]提供了关于研究堆利用和改造的进一步建议。

记录和报告

4.43. 作为行政要求的一部分，营运组织应当定期向反应堆安全委员会提交总结报告，并在必要时向监管机构提交与研究堆安全相关事项的总结报告。应当规定报告的格式和频率。

4.44. 编写和提供记录和报告的行政要求应当包括在运行限值和条件中。要求准备并保留对研究堆安全运行和证明符合运行限值和条件的重要记录（见 SSR-3[1]要求 82）。设施应当保存的记录以及应当指定要保留的记录。需要保留的典型记录包括：

(a) 研究堆安全分析报告及对安全分析报告的修改；
(b) 研究堆的授权、许可证条件和运行限值和条件；

(c) 应急预案（包括演练、演习）、安保预案及其他相关预案（如与管理制度相关的预案、人员培训预案）；
(d) 向环境排放污水的记录；
(e) 放射性废物记录；
(f) 对退役重要记录，如泄漏记录、竣工图和结构改造记录；
(g) 辐射照射记录；
(h) 重大污染事件的记录；
(i) 设施图纸；
(j) 燃料接收、运输和库存记录；
(k) 日常运行数据，如航海日志和记录图表；
(l) 程序和程序变更；
(m) 向监管机构报告的事件记录；
(n) 与研究堆实验相关的记录，如申请表和收集的数据；
(o) 剂量率和污染调查记录；
(p) 与反应堆安全委员会相关的记录，如会议记录和评审报告；
(q) 不符合记录；
(r) 维护、定期试验和视察记录。

在违反运行限值和条件的情况下采取的行动

4.45. 如果违反（或不能满足）安全运行限值和条件或超过安全限值，营运组织和运行人员应当采取的行动，包括允许从这些情况中恢复的时间，应当包括在运行限值和条件中。应当对违反运行限值和条件的行为和确保遵守的责任应当加以界定。

5. 研究堆运行程序的开发

5.1. SSR-3[1]要求 74 规定：

> **“必须根据营运组织的政策和监管机构的要求，制定全面适用于（反应堆及其相关设施）正常运行、预计运行事件和事故工况的研究堆运行程序。”**

5.2. SSR-3[1]第 7.57 段指出："必须制定正常运行程序，以确保反应堆在运行限值和条件下运行。"

5.3. 运行程序应当提供在所有运行模式下安全运行的说明，如启动、低功率和额定功率运行、停堆、关闭状态、维护、试验和换料。对于预计运行事件、设计基准事故和没有显著燃料损坏的设计扩展工况，运行程序应当提供返回安全状态的说明。

5.4. 运行程序有时被装订成几卷或几本手册（如运行手册、试验手册、维护手册）。对于低功率研究堆，运行程序可以收集成一卷，总标题为"运行说明"。

5.5. 参与确保研究堆安全的组织有许多相互关联的责任，包括进行安全分析和编写其他安全相关文件，供反应堆安全委员会评审和评定，并根据需要由监管机构批准。具有安全意义的运行程序应当包括在此类文件中。

5.6. 运行程序应当由授权人员核实和验证，以确保它们在行政和技术上是正确的，易于理解和使用，并将按预期发挥作用。应当特别注意确保运行程序的内容与其预期使用环境相兼容。运行程序应当以其将被使用的形式进行验证。

研究堆运行程序开发角色和责任

营运组织

5.7. 研究堆的营运组织负责制定一套运行程序，包括行政和组织安排，并在适用时考虑到运行经验。这些一般运行规范应当酌情辅以特定的书面运行程序。也可寻求外部顾问的协助。

运行人员

5.8. SSR-3[1]第 7.59 段指出：

> "运行程序必须由反应堆操纵员制定，尽可能与设计人员和制造商以及营运组织的其他工作人员合作，包括辐射防护人员。"

5.9. 运行人员应当了解与他们在研究堆中的任务相关的运行程序的应用。

5.10. 运行人员应当按照有效的运行程序运行研究堆，并应当就程序的应用向反应堆经理提供反馈。

辐射防护人员

5.11. 与辐射防护相关的运行程序应当由辐射防护官员评审。辐射防护小组组长（见 SSR-3[1]第 7.23 段）应当负责为辐射防护人员制定程序。

反应堆安全委员会

5.12. 反应堆安全委员会应当评审和评定安全重要运行程序，并在将这些程序提交监管机构批准之前向反应堆经理提出建议，如果需要批准的话。

5.13. 反应堆安全委员会应当建立一个程序，评审迫切需要的新程序或对现有程序的修改，这些修改不能等待定期举行的反应堆安全委员会会议的评审。例如，只要遵守一般运行规范，经反应堆经理批准后，可对运行程序进行微小修改，然后由反应堆安全委员会在下一次会议上进行评审。

反应堆经理

5.14. 反应堆经理应当确定运行程序的需要，包括监管机构要求的那些程序（见第 5.19 段），并确定运行人员和其他具有适当能力和经验的人员参与程序的制定。

5.15. 反应堆经理应当确保及时制定和实施运行程序。或者，反应堆经理可以任命一名工作人员，通常是相关的小组组长，监督程序的制定和实施。

5.16. 反应堆经理应当负责批准所有运行程序，包括反应堆安全委员会评审的程序。

5.17. 根据 SSR-3[1]第 7.15 段，反应堆经理负责对工作人员进行程序方面的培训和复训。反应堆经理应当确保在培训或复训中使用最新修改的程序。

5.18. 反应堆经理应当确保在工作地点附近随时可获得最新批准的运行程序。通常，一整套运行程序保存在控制室，另一整套保存在反应堆主管的办公室（见 SSG-84[5]第 3 部分）。可能会有额外选择的适当程序，保存在远离控制室的相关运行区域附近的其他位置。

监管机构

5.19. 监管机构可要求为研究堆制定特定运行程序。如有要求，应当向监管机构提供运行程序。

研究堆运行程序的分类

5.20. SSR-3[1]第 7.58 段指出（脚注略）：

> "必须为设施整个寿期内可能进行的所有与安全相关的运行制定运行程序，包括：
>
> (a) 调试；
> (b) 正常运行状态下的运行；
> (c) 维护可能影响反应堆安全的主要部件或系统；
> (d) 对反应堆安全运行所必需的结构、系统和部件进行定期视察、校准和试验；
> (e) 辐射防护活动；
> (f) 对可能影响反应堆安全或堆芯反应性的运行和维护以及进行辐照和实验的评审和批准程序；
> (g) 反应堆操纵员对预计运行事件和设计基准事故的响应，以及在可行的情况下对设计扩展工况的响应；
> (h) 紧急情况；
> (i) 放射性废物的处理及放射性排放的监控和控制；
> (j) 利用率；
> (k) 改造；
> (l) 管理系统。"

此清单并不全面，额外的程序（例如，为了安保、为了长期关闭、为了管理目的）可能是合适的。列出的一些程序可能不适合一些较低潜在危害的研究堆、临界组件和次临界组件，对于大功率设施，该清单可能不完整。附录 II 提供了运行程序的指示清单。

5.21. 对运行程序进行分类的其他方法也可能是适当的。可以基于程序的评审和批准路线建立分类系统，例如监管机构要求和批准的程序、行政程序

（由营运组织评审）和其他安全相关程序（由反应堆安全委员会评审和反应堆经理批准）。

研究堆运行程序开发的一般考虑

5.22. 在制定对以下方面有影响或与之相关的运行活动程序时，应当考虑到有必要采取特殊的质量管理措施：

(a) 反应堆堆芯布置；
(b) 反应性和临界；
(c) 热工安全；
(d) 实验安全；
(e) 维修行动；
(f) 现有系统或部件的改造；
(g) 参观者的安全措施；
(h) 新装置；
(i) 特殊部件和放射性物质的处理；
(j) 设备的维护、定期试验和视察；
(k) 视察计划；
(l) 批准不同安全相关行动的步骤（如更换、维护、改造、新安装）；
(m) 运行人员和实验人员的培训和资格。

5.23. 应当采用有计划和系统的方法制定一套运行程序。这可以通过使用规定的格式和要纳入的内容的标准计划来实现（见第 6 部分）。所有程序应当根据研究堆管理系统的既定要求和建议制定。

5.24. 每个程序都应当足够详细，以便合格人员能够在没有直接监督的情况下执行活动，然而，每个程序并不期望提供研究堆运行中涉及的所有过程的完整描述。

5.25. 应当考虑人因，以帮助确保运行程序安全、可靠和有效。应当考虑布局、设施的总体设计、人员需求、运行人员行动所需的时间、物理环境、应当力水平和研究堆运行经验。

研究堆运行程序的准备步骤

5.26. 制定运行程序的第一步应当是定义程序的目标。下一步是评价实现程序目标的可能方法和人员配备，并选择最适合实现预期目标的方法。

5.27. 如果可能（如果认为有必要），所选择的方法应当由将执行程序所涵盖任务的技术和管理人员模拟。模拟应当使用一个程序草案。模拟应当涵盖在任务执行过程中可能出现的所有可能的技术和人为错误。该程序应当根据模拟结果最终确定。

5.28. 如果该程序对辐射防护具有重要意义，则应当由辐射防护官员进行评审，并在必要时进行修改。

5.29. 程序草案可通过由在程序专题方面有经验的人员进一步评审的方式加以改进。

5.30. 反应堆经理应当负责确保对程序草案进行评审，以确定其是否足够详细以满足其目标，并与其他相关程序保持一致。此外，反应堆经理应当确保程序的实施不会违反任何运行限值和条件。

5.31. 反应堆经理应当将安全相关程序的最终草案提交给反应堆安全委员会，供其在批准前评审和评论。对反应堆安全具有重要意义的程序应当特定规定，如果国家法规要求，应当经监管机构批准。

5.32. 该程序可由反应堆经理发布一段试验期或一段限制使用期，并在必要时进行修改。在此验证期之后，该程序的使用应当得到反应堆经理的最终批准。

5.33. SSR-3[1]第 7.60 段指出："必须根据从运行经验中吸取的教训，或根据预先确定的内部程序，定期评审和更新运行程序。"评审和更新应当遵循与编写原始程序相同的步骤。反应堆经理应当特定说明这一评审和更新的过程。

5.34. 程序的安全重大修改应当按照第 5.30 段处理。程序的其他修改可由反应堆经理直接批准。

6. 研究堆运行程序的格式和内容

6.1. 所有运行程序都应当具有营运组织规定的标准格式。程序应当遵循适当的顺序介绍，案文应当清晰、简洁、符合逻辑，并应当涵盖所有相关问题。

6.2. 为确保格式和内容的一致性，应当根据管理系统和管理此类文件编写、评审和控制的行政程序编写运行程序。如第 5.33 段所述，应当规定定期评审运行程序。应当有一种机制，便于核实程序是否已获批准（例如通过签字）以及程序是否是最新的（例如通过最新修改日期清单）。

6.3. 运行程序通常应当包含执行任务的逐步说明，但不包括无需特殊说明即可由合格人员执行的日常活动。完成某些任务可能需要一个以上的过程。在这种情况下，程序需要执行的顺序应当在程序本身中指定。

6.4. 程序中应当明确区分介绍、指导和基本步骤。

6.5. 以下是考虑纳入运行程序的内容示例：

(a) 标识号：将程序标识为一系列运行程序之一的唯一编号；
(b) 修改号和日期：当前的修改号和日期，包括在运行程序每一页的开头，以确保人员了解正在使用的修改（例如，第 3 版：日、月和年）；
(c) 到期日期：下一次修改的日期或无限期有效的标志，直到程序撤销；
(d) 标题：程序内容的简明描述（如反应堆启动、控制棒校准）；
(e) 范围和目的：程序范围和目的的声明；
(f) 定义：理解和执行程序所必需的程序中使用术语的定义；
(g) 参考文献：支持程序并在正文中提及的参考文献；
(h) 职责：执行程序人员的角色和职责说明；
(i) 先决条件：执行程序所需的反应堆、系统、设备和人员的特定条件清单；
(j) 附加措施：特殊工具的规范和/或说明、支持服务、辐射防护措施、特殊安全预防措施、程序实施期间对反应堆的可能影响、防止燃料和设备损坏的措施、人员培训、适用性条件以及与程序实施相关的准备工作；
(k) 警告和注意事项：强调特定风险。这些警告和注意事项应当放在本程序相关步骤之前的文本中；

(l) 说明：执行任务的特定步骤说明。详细程度应当确保合格人员无需进一步指示即可遵循说明。在适当的情况下，应当指定用于视察和核实的待检点。教学步骤应当以动词开始（即转动、记录、通电、设置、备注、检查、提起、按压、试验或插入等动作）。应当明确区分安全重要步骤，以吸引注意力。应当谨慎行事，以确保说明中的步骤是完整的，已考虑到所有必要的行动，并且程序中没有作为先决条件、特殊措施、警告或注意事项的说明步骤这在进行操作时可能会被忽略。应当考虑提供清单，在完成每一步时，运行人员在清单上草签。必要时，应当提供关闭活动的说明，例如将系统恢复到正常配置；

(m) 测量和计算的基准：对于一些涉及测量和计算的程序，可以提供测量和计算基准的文件，以帮助运行人员理解程序中执行的步骤。根据风险分析得出的安全运行的相关限值和条件应当酌情包括在程序中；

(n) 文件：虽然一些程序的完成可以通过反应堆日志中的简单条目来表示，但更复杂的程序可以通过适当的清单、数据表和报告来记录。这种文件应当包括记录数据的人的姓名、时间和日期。记录程序的详细程度应当与运行的相对复杂性以及未能正确实施运行的相关风险相称。

6.6. 运行程序应当包括收集、制表和报告数据和试验结果的安排。应当以允许进一步核实的方式陈述和介绍分析方法。试验数据应当根据预先确定的性能参数值和验收标准进行评价，其中考虑了安全分析中假设的不确定性。

6.7. 应当根据研究堆管理系统，制定新部件或设备（如燃料元件、离子交换树脂）的采购和验收程序。程序应当包括程序中使用的试验设备需要有效的校准证书。

6.8. 程序应当规定谁有权允许偏离程序，以及在什么情况下允许偏离。如果允许，此类偏差应当在相关运行限值和条件的范围内进行。

研究堆调试程序

6.9. 调试程序可细分为直接源自运行程序的程序和仅在调试期间需要的程序。后者有时被称为“试验程序”。应当为每次调试试验或活动准备调试程序。该程序也可用作评定和记录试验结果的导则。

6.10. SSG-80[2]提供了调试程序的建议，包括设备和系统的试验程序。在制定此类程序时，应当特别注意以下几点：

(a) 每次调试试验的目的、待试验设备及其与调试计划的关系的概要；
(b) 先决条件和初始条件（见第 6.13 段）；
(c) 预防措施，包括停止试验；
(d) 执行试验所需的设备和仪器仪表清单；
(e) 要记录的数据清单和核对表；
(f) 数据和结果的分析方法；
(g) 验收标准；
(h) 纠正措施的规定，以解决可能的不符合项；
(i) 试验完成的证明。

6.11. 调试试验程序应当在可行的范围内遵循研究堆的正常运行程序，以核实这些程序，并为运行人员提供熟悉正常运行程序的机会。

6.12. 某些调试活动可能只需要通用程序或说明清单。

6.13. 调试程序应当包括在执行逐步说明之前必须完成的系统试验的先决条件（如适用），包括支持系统的调试（例如，在试验一回路冷却系统之前检查流量测量通道是否可运行，在泵的调试试验之前检查是否有可运行的电源）。

6.14. 除了运行程序之外，可能还需要支持文件，包括制造商手册和建造图，以便对某些部件和系统进行调试试验程序。

6.15. 如有必要，该程序应当包括通知和外部机构、制造商和监管机构参与的待检点。

6.16. 调试程序应当说明进行试验所需的对正常运行配置的所有修改。在这种情况下，应当进行配置检查，以确保在试验开始前正确地进行这些修改，并确保所有部件或系统在试验后恢复到正常状态。

6.17. 在准备调试程序时，应当考虑反应堆和实验设备之间可能发生的相互作用。

6.18. 应当为实验设备准备调试程序，无论它们与反应堆同时进行调试还是在此之后进行调试。

6.19. 调试程序应当包含处理意外结果、对可能变得必要的设计、程序或试验的有意修改以及调试过程中可能发生事件的规定。

6.20. 在实践中，许多调试程序将成为运行程序（例如，燃料装载、启动、反应性控制机制校准和热功率水平确定的程序）。

6.21. 应当分析调试试验的结果，并考虑是否需要修改运行限值和条件或运行程序。

研究堆运行程序

6.22. 应当为运行人员在研究堆的所有运行状态下进行的所有活动，并酌情为实验期间进行的活动和装卸燃料组件或其他堆芯部件或反射层部件，包括实验设备，制定运行程序。

6.23. 程序通常一次执行一个。如果不是这种情况，应当通过在相关程序中规定特殊预防措施来考虑同时执行几个程序的安全意义。

6.24. 运行程序需要定期评审（见 SSR-3[1]第 7.60 段），并且在研究堆系统或部件的配置发生变化时也应当进行评审。对于不经常执行，每次使用前应当评审现有的运行程序，并进行适当的修改。

6.25. 必要时，运行程序应当规定在程序执行过程中发生意外事件或意外结果时所需的行动。

6.26. 运行程序应当包括工作许可的安排（如果使用的话）。

研究堆维护程序

6.27. SSR-3[1]第 7.69 段指出：“安全重要系统或物项的所有维护、定期试验和视察必须按照批准的书面程序进行。”应当制定计划，以帮助及时完成定期（如每周、每月、每季度、每半年、每年）进行的预防性维护活动。必要时，还应当准备纠正性维护活动的程序。SSG-81[3]提供了进一步的建议。

6.28. 在准备维护程序时，应当特别注意程序对安全系统和反应堆运行的影响。SSR-3[1]第 7.70 段指出："安全重要系统或物项的非常规视察或纠正性维护应当按照专门准备的计划和程序进行。"在反应堆运行期间，可以执行一些对反应堆安全没有影响的维护程序，其他程序可能需要关闭反应堆。维护过程必须不降低研究堆安全性，也必须不违反运行限值和条件。

6.29. SSR-3[1]第 7.69 段指出：

> "根据管理系统的要求，必须使用工作许可制度进行维护、定期试验和视察，包括在进行工作之前和之后的适当程序和核对表。这些程序必须包括验收标准。"

目的是确保所有工作都是在研究堆运行控制人员知情和许可的情况下进行的，并确保反应堆的安全和从事这项工作人员的安全已被考虑，工作许可的批准是进行维护的先决条件。

6.30. SSR-3[1]第 7.69 段指出："程序必须规定对正常反应堆配置的任何改变所采取的措施，并必须包括在活动完成后恢复正常配置的规定。"这可能包括，例如，改变阀门管线的程序，以及使机械和电气设备停止使用和恢复使用的程序。应当制定通用程序，或在个别程序中做出特殊规定，以确保配置控制。

6.31. 维护程序中应当包括图纸、制造商手册和制造商建议的参考文献。应当确保使用最新版本的图纸和手册。

6.32. 维护程序应当规定维护、定期试验和视察的结果应当由合格人员根据 SSR-3[1]第 7.75 段进行评定。在适当的情况下，应当与以前的视察和试验结果进行比较，以确定潜在的故障并允许及时采取纠正措施。

6.33. 维护程序应当规定，只有在授权人员批准维护结果后，才允许恢复正常运行。

6.34. 应当制定特别程序，以控制承包商进行的维护工作。这些程序应当包括工程的先决条件，根据 SSR-3[1]第 7.1 段对承包商进行监督的安排，承包商资格标准和工作协调安排。

研究堆视察、校准和定期试验程序

6.35. 执行定期试验是为了满足运行限值和条件中规定的维护、定期试验和视察要求，旨在确保符合运行限值和条件。应当充分规定维护、定期试验和视察计划，以确保包括限值或条件的所有方面。

6.36. 应当为对研究堆安全重要结构、系统和部件准备定期试验程序，包括校准、视察和可运行性检查。应当准备校准、视察和可运行性检查的计划，以帮助以要求的频率完成这些工作。程序应当规定在视察、可运行性检查、校准或任何其他相关维护活动后，独立核实部件或系统是否恢复到其运行状态（包括核实其未被旁通或禁用）。

6.37. 定期试验和视察活动的频率应当在相关程序中说明，并应当考虑以下因素：

(a) 分析，包括来自概率安全评定的见解（如有）；
(b) 供应商的建议；
(c) 从以前的定期试验和视察结果中获得的经验；
(d) 该设施的运行经验或其他设施的相关经验；
(e) 工程判断。

6.38. 定期试验程序应当与反应堆运行程序一致。在制定定期试验程序时，还应当考虑关于运行程序和维护程序的格式和内容的建议（见第 6.22－6.34 段）。

6.39. 每个定期试验程序都应当规定由有资格和授权的人员进行最终验收（包括签名），以评价定序结果并核实是否符合运行限值和条件。

6.40. 定期试验程序应当有解决与运行限值和条件不一致的规定。

6.41. 应当在定期试验程序中提供验收标准，这些标准应当考虑到与测量相关的任何不确定性。为参数提供一个可接受的值范围通常比指定单一值要好。

6.42. 该程序应当规定用于校准的仪器仪表根据管理系统进行认证。

研究堆辐射防护程序

6.43. 辐射防护程序应当在研究堆辐射防护计划的框架内制定（见 SSR-3[1]要求 84）。

6.44. 辐射防护程序应当包含实施辐射防护计划的说明，如定期测量的说明（如生物测定、污染调查、烟囱流出物和源库存）。程序应当包含验收标准，并应当确定负责评审结果的人员。应当制定总体辐射防护程序，以确保所有辐射防护活动以必要的频率完成。

6.45. 反应堆操纵员以及进行维护、定期试验和视察或进行实验的人员的辐射防护规定应当包括在每一项相关程序中，必要时还应当包括在相关的工作许可中。

6.46. 在制定辐射防护程序时，应当核实是否符合反应堆运行的运行限值和条件和监管要求。

研究堆运行、维护和使用授权程序

6.47. 应当制定可能影响反应堆安全的运行、维护和利用（进行辐照或进行实验）的授权程序，这些程序应当界定授权的条件、责任级别和手段

6.48. SSR-3[1]第 7.103 段指出：“反应堆经理必须根据公认的工程实践，建立评审和批准试验和改造建议以及控制其性能的程序。”

6.49. 试验建议应当包括以下内容：

(a) 对实验目的和预期进行的描述；
(b) 将实验设备与反应堆系统集成的方法；
(c) 实验设备设计标准的选择和论证；
(d) 对实验设备的安全评定，包括实验本身及其对反应堆和人员安全的影响；
(e) 生产和验证运行和维护专用文件的任何需求；
(f) 运行人员、维护人员和实验人员的特殊培训需求；
(g) 调试和功能试验的安排；
(h) 必要时对运输的要求；
(i) 实验设备的退役计划；

(j) 质量管理计划；

(k) 实验中产生的放射性废物和实验设备最终使用后的建议处置方法（见原子能机构《安全标准丛书》第 SSR-5 号《放射性废物处置》[18]）；

(l) 与警报和联锁相关的考虑；

(m) 确保反应堆操纵员和实验人员之间有足够通信手段的程序。

6.50. 应当制定核可辐照和同位素生产的程序。这些程序应当包括关于新类型辐照（例如新材料辐照或更大数量的普通材料辐照）授权手段的信息。

研究堆中对预计运行事件和事故工况响应程序

6.51. 根据 SSR-3[1]要求 74，需要准备运行程序，以指导运行人员对预计运行事件和设计基准事故的响应，并在可行的情况下，对设计扩展工况响应。这些程序应当定期执行。这些程序应当根据其安全意义定期评审，并根据运行经验和演习的表现进行修改。

6.52. 处理实验的程序，包括辐照生产同位素的目标，应当包括在反应堆的运行程序中。在安全分析报告的基础上，程序应当包含营运组织对所有预计运行的职责事件。这些程序中的说明应当清晰明了，尤其是对于那些处理预计运行事件的程序。

研究堆应急程序

6.53. 要求制定应急程序，作为营运组织准备和应当对核或辐射紧急情况的应急安排的一部分（见 SSR-3[1]要求 81 和第 7.90 段）。应急安排还必须符合原子能机构《安全标准丛书》第 GSR Part 7 号《核或辐射应急准备与响应》[19]规定的要求。

6.54. 应急程序的制定应当考虑到安全分析报告中对可能事故的所有方面的评价和分析，以及为应急准备和响应目的进行的危害评定中额外假设的评价和分析。应急程序应当详细描述紧急情况下应急人员应当采取的行动。它们应当指与研究堆相关的应急设施、应急服务、响应组织和应急设备。

6.55. 要求定期进行应急演习和演练（见 SSR-3[1]第 7.92 段和 GSR Part 7[19]第 6.31 段）。根据 SSR-3[1]第 7.92 段要求根据从演习和演练中获得的经验评审应急程序。此外，这些程序，包括在紧急情况下应当通知的组织和个人名单，必须在规定的时间内进行评审，并在必要时加以修改以改进其执行情况，并确保吸取的经验教训得到考虑。

6.56. 在准备利用医院、警察部队、消防部门和救护车服务等场外组织服务的应急程序时，营运组织应当从参与应急响应的其他组织获得正式协议。应当保持并定期更新正式协议和联络点名单。此外，应急程序，包括场外组织采取的应急行动，应当包括与场外组织商定的明确和详细的指示。

6.57. 在准备研究堆应急程序时，应当咨询专家（如消防部门、医院急救单位和救护人员的专业人员）以及实施 GSR Part 7[19]要求。原子能机构《安全标准丛书》第 GS-G-2.1 号《核或辐射应急准备的安排》[20]提供了进一步的建议。

研究堆核安保程序

6.58. 应当制定安保程序（如实物保护和计算机安保程序），并将其作为核安保应急计划的组成部分。该计划应当得到国家法律框架规定的主管当局的批准。计划和程序应当保密，只应当向有正当需要知道的人透露。

6.59. 应当在对安保的所有方面进行评价和分析的基础上制定安保程序。安保程序的说明应当简短，但应当充分详细地说明处理安保问题的基本步骤。

6.60. 如果安保程序涉及警察部队和军队等场外组织的服务，应当获得正式的协议和联络点名单，并定期更新。

6.61. 在制定安保程序时，应当咨询专家（如安保专家，包括实物安保专家、计算机安保专家以及警察和军队的专业人员）。原子能机构《核安保丛书》[21－24]提供了进一步的指导。

研究堆放射性废物的装卸及放射性排放的监控和控制程序

6.62. 原子能机构《安全标准丛书》第 GSR Part 5 号《放射性废物处置前管理》[25]规定了处理放射性废物以及监控和控制放射性排放的程序要求。这些程序可作为辐射防护程序的一部分（见第 6.43－6.46 段），或可在运行程序中组成一组（见第 6.22－6.26 段）。

6.63. 在一些研究堆，运行人员和辐射防护人员装卸、收集、处理、衡算和贮存放射性废物。在这种情况下，处理放射性废物的程序通常被认为是辐射防护程序。原子能机构《安全标准丛书》第 SSG-40 号《核电厂和研究堆放射性废物的处置前管理》[26]提供了关于放射性废物处置前管理的进一步建议。

6.64. 控制放射性排放的程序在环境保护和获得公众对研究堆的认可方面起着重要作用。在制定程序时应当考虑到这些因素。原子能机构《安全标准丛书》第 GSG-9 号《放射性流出物排入环境的监管控制》[27]提供了进一步的建议。

研究堆的长期关闭程序

6.65. 需要制定程序来管理研究堆的长期关闭，并提供足够的资源来确保关闭期间的活动安全（见 SSR-3[1]要求 87）。如本“安全导则”第 3 部分所述，在长期关闭期间，可以根据运行限值和条件的任何修改，对预防性维护和定期试验程序进行修改。在长期关闭期间，对于与运行时间或发电量相关的活动，某些程序豁免可能是适当的（另见第 6.67－6.69 段）。

6.66. 应当为那些可能表明机械和电气系统和部件退化的视察制定特别程序（另见 SSR-3[1]第 7.123 段）。

6.67. 长期关闭的程序应当源自正常运行的程序。应当仔细调查对在长期关闭期间进行的活动给予豁免的影响，因为有些活动可能导致系统严重退化，从而可能妨碍反应堆今后的运行。

6.68. 反应堆长期关闭期间使用的维护、定期试验和视察程序应当源自运行中反应堆的维护、定期试验和视察程序，对某些活动给予豁免，但对其他活动加强程序。

6.69. 如果为长期关闭而修改运行程序，应当保留运行程序的原始版本，以供反应堆未来可能的运行使用。

6.70. 应当制定程序，用于解列、拆除和保存将要停止运行或暂时拆除的系统。

研究堆利用和改造程序

6.71. 应当准备程序来控制具有安全意义反应堆的任何利用和改造，以确保实验和改造的设计、制造、安装、实施和试验得到正确执行，并符合 SSR-3[1]要求 83。

6.72. 反应堆利用和改造应当按照批准的程序进行，这些程序包含满足所有运行限值和条件的规定。

6.73. 研究堆的改造程序应当包括以下内容：

(a) 拟议改造的说明和图纸；
(b) 改造需要的正当性；
(c) 设计要求和标准；
(d) 支持改造的安全评定结果，包括对其他系统的影响；
(e) 改造的制造过程；
(f) 改造的安装过程；
(g) 改造的调试过程；
(h) 评审和修改现有的运行程序以及是否需要新的程序；
(i) 更新文件（如图纸、培训材料）；
(j) 反应堆操纵员和其他人员的培训需求（如有必要，包括重新认证和重新许可）；
(k) 质量管理；
(l) 防护和安全最优化的安排；
(m) 安保安排；
(n) 放射性废物管理安排。

6.74. 应当按照 SSR-3[1]第 7.100 段要求，根据实验和改造的安全意义，为实验和改造的分类制定程序。应当考虑三类实验和改造：不在现有运行限值和条件范围内的实验和改造（重大安全意义），那些在现有运行限值和条件范围内的（中等安全意义），以及那些无安全意义的。SSG-24（Rev.1）[10]提供了关于实验和改造的分类、安全评定和批准途径的建议。

6.75. 在准备利用和改造程序时，应当特别注意对安全系统和反应堆运行的影响。在改造或使用期间或由于改造或使用而导致反应堆的安全不应当降低到运行限值和条件设定的限值以下。

6.76. 该程序应当包括改造和利用以及运行前试验的工作许可系统，包括工作前后的适当检查。这是为了确保所有工作在反应堆运行员知情和许可的情况下进行，确保工作人员的防护和安全以及反应堆的安全，并确保工作按照管理系统进行。

6.77. 研究堆的改造和利用程序应当规定对正常反应堆运行配置（如阀门排列）的任何改变，并应当包括恢复正常配置的规定。

6.78. 研究堆的改造和利用程序应当包括由适当合格人员评定改造或利用的结果，以核实是否符合设计要求和意图以及运行限值和条件。在适当的情况下，程序应当包括与改造前条件的比较，以确定可能的故障并允许及时采取纠正措施。

6.79. 改造程序应当确保只有在负责协调改造工作的人员批准了包括更新文件在内的结果后，才允许恢复研究堆的正常运行。

6.80. 应当制定特别程序来控制承包商进行的改造工作。这些程序应当包括承包商资格和培训标准以及工作协调标准，以及根据 SSR-3[1]第 7.1 段对承包商进行监督的规定。这个程序应当列出禁止承包商进行的任何活动（例如，产生粉尘的活动、反应堆电源的使用）。

研究堆行政程序

6.81. 应当为所有具有行政性质并可能对反应堆安全产生影响的运行制定行政程序（例如人员培训和复训、放射性物质运输、燃料管理、访客安全措施）。

6.82. 需要为记录和报告的生成、收集、保留和归档制定与管理系统相一致的行政程序（见 SSR-3[1]第 7.95 段）。

6.83. 行政程序可用作管理系统的实施程序。

6.84. 放射性物质运输的行政程序应当以放射性物质运输的监管要求为基础，并应当符合原子能机构《安全标准丛书》第 SSR-6（Rev.1）号《放射性物质安全运输条例》（2018 年版）[28]规定的要求。

7. 研究堆操作程序的使用人员的培训

7.1. 为了确保运行程序得到正确执行，运行人员和其他人员应当了解这些程序，并根据 SSR-3[1]要求 70 接受必要的培训、复训和资格认证。

7.2. 在使用这些程序之前，应当对运行人员和其他执行程序的人员进行培训。培训可以采取口头或书面指示、示范、演练，培训课程和/或综合培训课程，并在适用的情况下使用模式。

7.3. 运行人员和其他人员的培训计划中应当包括程序使用方面的复训（见 SSR-3[1]第 7.30 段），并应当规定复训的频率。复训应当按照计划进行，并应当特别注意应急程序，包括不经常执行的程序和设计扩展工况的程序。应当提供复训的活动包括：

(a) 应急堆芯冷却系统的运行；

(b) 安全壳或密封装置的空气净化系统的运行；

(c) 试验反应堆厂房安全壳或密封装置的泄漏率；

(d) 在异常工况下处理高放射性物质；

(e) 燃料运输；

(f) 应急行动，例如对反应堆厂房内的火灾警报或疏散警报、人身伤害、空气中放射性物质排放或极端天气警报的响应；

(g) 个人防护设备的使用。

7.4. 研究堆运行人员和其他人员应当能够证明他们在履行职责时所遵循的运行程序的知识和理解。

7.5. SSR-3[1]第 7.31 段指出：“必须制定培训确认程序，以核实培训的有效性和工作人员的资格”。

7.6. SSG-84[5]提供了关于人员培训的进一步建议。

8. 遵守研究堆运行限值和条件及运行程序

8.1. 营运组织对确保遵守运行限值和条件负有主要责任。提供与运行限值和条件一致的运行程序和使用运行程序的培训是对确保遵守运行限值和条件的重大贡献。有些运行限值和条件可以在程序或其他文件中直接说明，如果是这种情况，应当在相关文件中明确说明。为确保遵守运行限值和条件，所有负责遵守的人员应当始终备有一份现行的运行限值和条件副本，并应当在应用方面接受充分培训。

8.2. 如果可能的话，应当在仪器仪表和显示器上清楚地标明运行限值和条件以便于遵守。同样，运行程序应当立即提供给运行人员和其他需要参考的人。

8.3. 如果不能满足运行限值和条件或不能遵循程序，应当报告并分析原因。这可能导致根据既定程序修改运行限值和条件或程序，允许以受控方式进行修改，并根据监管机构的要求进行批准。

8.4. 要求保存研究堆运行记录以及符合运行限值和条件及运行程序的证明（见 SSR-3[1]第 7.96 段），并应当根据管理系统进行贮存。应当对违规报告进行调查以确保采取纠正措施，并帮助防止将来出现此类违规情况。

附录 I

建立研究堆安全运行限制条件时应考虑的因素

I.1. 在确定研究堆安全运行限值和条件时，应当考虑以下运行参数和设备清单。这些安全运行限值和条件可以是对运行参数值的限值或对每个所列物项施加的管理限制。营运组织应当查看整个清单，并根据研究堆的类型、临界组件或次临界组件以及运行工况选择适当的物项。在建立运行限值和条件时应当考虑所有物项，除非正当证明所列某些物项不适用于特定的研究堆、临界组件或次临界组件。这种正当性将取决于与该设施相关的设计和潜在危害。按共同性质的系统或活动对物项进行分组只是为了方便。然而，在运行限值和条件文件中提出组安全运行限值和条件将提供一个逻辑安排，并使文件清晰。

(a) 燃料和燃料元件及组件：
- 铀富集度；
- 铀装量；
- 使用的材料；
- 几何构型；
- 燃耗限值；
- 燃料故障标准（例如冷却水的最大允许活度）；
- 新燃料和在用元件和组件的视察和试验。

(b) 新燃料和乏燃料的燃料装卸和贮存：
- 新燃料的贮存；
- 辐照燃料的贮存；
- 故障燃料的贮存；
- 卸载和贮存堆芯部件的能力；
- 燃料流动（如人员配备、工具、测量、联锁）；
- 为燃料场外运输准备。

(c) 反应堆堆芯配置：
- 允许的内部或外围空腔；

— 燃料元件的最大和最小数量；

— 反射条件（例如反射层的类型和配置）；

— 控制元件的数量，包括燃料跟随体；

— 混合堆芯（例如含有不同富集度燃料的堆芯）；

— 允许的配置；

— 确定新配置的安排；

— 反应堆功率；

— 平均和峰值燃料元件功率；

— 最高允许燃料温度和包壳温度；

— 偏离核态沸腾比、临界热流密度比或流量不稳定。

(d) 反应性和反应性控制系统：

— 最大过量反应性；

— 次临界组件的最大有效中子倍增因子；

— 运行期间和燃料移动期间的最小停堆深度；

— 反应性控制机制（如调节、垫片、安全、脉冲棒或叶片）的反应性价值；

— 通过反应性控制机制、实验和燃料元件的反应性添加速率；

— 所有实验的总反应性价值；

— 特定类型实验的最大反应性价值（例如固定或非固定于反应堆结构的实验）；

— 停堆后备反应性价值（如有）；

— 反应性平衡（例如，反应性控制机构的提升水平、堆芯中的燃料燃耗分布）；

— 控制棒的类型和数量（包括材料和配置）。

(e) 保护系统和反应堆停堆系统：

— 在每种运行模式下监控反应堆和触发反应堆应急停堆所需的中子测量设备物项的类型和最低数量；

— 应急停堆所需的其他测量设备物项的类型和最低数量（例如温度、流量、燃料上方的水高度、放射性水平），以及设备的警报和应急停堆限值；

— 连锁和跳堆，包括意外旁路；
— 旁路通道，这可能是疏忽的或运行的一部分；
— 其他安全仪器仪表；
— 反应堆停堆延迟时间（如控制棒落棒时间、防护或控制系统的响应时间）。

(f) 反应堆启动和运行：
— 结构、系统和部件的最低可运行性；
— 核对表的完成和评审；
— 目视视察反应堆堆芯、测量仪器仪表管束和屏蔽；
— 反应堆应急停堆后启动的附加条件。

(g) 冷却系统和连接系统：
— 冷却剂化学（固体和溶解气体的含量，pH 值，电导率）；
— 温度、压力（在管线中，穿过过滤器）和流量；
— 不同运行模式的系统配置（例如，多少泵和哪些泵应当可运行，哪些主阀应当打开或关闭）；
— 与自然对流冷却模式之间的转换条件（如适用）；
— 冷却剂或慢化剂液位；
— 应急堆芯冷却；
— 泄漏检测和冷却剂丧失警报限值；
— 冷却剂中的放射性核素含量；
— 冷却剂中裂变产物的含量；
— 冷却剂可用性；
— 最终热阱；
— 慢化剂化学（如必要的性质和特征）。

(h) 包括通风在内的包容或密封装置：
— 反应堆不同区域的温度、湿度和气流；
— 过滤器上的压降；
— 相对于大气的安全壳压力（正常和紧急情况下）；
— 隔离安全壳或密封装置，并启动应急通风；
— 包容或密封内的操作；

— 通风的配置和最小设备；
— 安全壳或密封装置的泄漏率；
— 容器内的危害物质或密封；
— 过滤器和碘捕集器的效率。

(i) 运行辐射防护和放射性废物管理：
— 辐射监控仪器仪表的类型（例如气体、微粒、γ、中子）和位置；
— 辐射监控仪器仪表的警报设置（包括启动应急停堆的监控仪器仪表，如有）；
— 对放射性核素浓度的限值或对某一特定时期内可能排放的液态或气态流出物的其他限值，例如最大年排放量（场址限值可适用于一个以上设施位于同一场址的情况）；
— 运行剂量控制值，如年度剂量限值；
— 表面污染的运行限值；
— 剂量限值（个人和集体）；
— 呼吸保护和防护服标准；
— 生物测定或全身计数标准；
— 液态废物和固态废物的贮存能力。

(j) 仪器仪表和控制系统：
— 与安全系统相关的测量设备的类型和最低数量；
— 启动仪器仪表；
— 显示监视器；
— 数据采集系统；
— 仪器仪表及其定期控制的校准，包括相关文件的更新。

(k) 实验设备：
— 材料在环境条件下使用的适用性，规定用于辐照样品的封装和易裂变材料的使用；
— 爆炸物和其他危害物质；
— 违禁材料；
— 实验所需的联锁设备。

(l) 电力供应系统：

— 所有运行状态的应急电源（例如分配器的配置和连接到分配器的设备清单，固定式和非永久性柴油发电机的启动和运行，不间断电源系统的蓄电池）；

— 应急电源的试验。

(m) 辅助系统和设备：

— 消防系统；

— 通信系统；

— 起重机（例如操纵和装载的限制，联锁）；

— 应急照明系统；

— 压缩空气系统；

— 与设计扩展工况相关的应急设备。

(n) 其他限制：

— 其他设计特点；

— 场址特点；

— 行政控制。

附录 II

研究堆运行程序的指示性清单

II.1. 对于具有低危害潜能的研究堆、临界组件和次临界组件，应当考虑此处提供的所有程序，除非所列某些程序不适用于特定的研究堆、临界组件或次临界组件是正当的，这种正当性将取决于与该设施相关的设计和潜在危害。

(a) 调试程序：
- 冷却系统和通风系统的清洁程序；
- 机械、电气和仪器仪表系统和部件的调试试验和验收试验；
- 燃料装载前的试验；
- 燃料装卸；
- 燃料装载、初始临界试验和低功率试验；
- 控制棒校准；
- 反应堆安全通道和其他中子探测通道的校准；
- 停堆裕度和堆芯过量反应性的确定；
- 功率提升试验和功率试验；
- 热功率水平的确定；
- 反应堆应急程序；
- 辐射防护程序；
- 控制向环境排放和监控放射性物质；
- 控制（排除）、识别和清除异物；
- 屏蔽校核；
- 不符合项的处理。

(b) 运行程序：
- 反应堆启动、运行、功率水平变化和停堆；
- 确定满足运行限值和条件的堆芯反应性（例如，停堆裕度和过量反应性，设定点计算）；
- 热功率水平的确定；

— 燃料元件的例行装载、卸载、搬运和移动，燃料组件和其他堆芯部件和反射层部件；
— 特殊燃料装卸（例如，装卸故障燃料、准备和运输乏燃料）；
— 实验设备的反应性测定、装载、卸载、辐照、搬运和安全评定；
— 对反应堆运行、系统状况和设施状况进行例行检查；
— 反应堆的机械和电气支持系统和设备的运行；
— 倒班交接条目和反应堆日志中的条目；
— 新燃料元件的验收试验；
— 离子交换置换或再生；
— 起重设备的运行。

(c) 维护程序：
— 设备更换和维护；
— 反应堆设备和反应堆支持系统设备的预防性维护；
— 维修或更换反应性控制机构；
— 热交换器的清洁和管道堵塞；
— 密封件的更换；
— 更换过滤器；
— 桥式起重机的日常维护；
— 辅助电源的日常维护；
— 在役检查；
— 备件库存。

(d) 视察、校准和定期试验程序：
— 燃料的视察和尺寸检查以及燃料库存的准备；
— 反应性控制机制的视察和校准；
— 安全杆和控制棒的抽出和下降时间测量；
— 反应堆测量通道和保护通道的校准；
— 固定和便携式辐射监控器的校准和试验，机载放射性监控器和个人剂量计；
— 加工系统的校准和试验（如温度、流量、应急电源和通风）；
— 应急堆芯冷却系统的性能检查；

— 应急通风的效率和流量测量系统；
— 运行通风系统的流速测量；
— 通风系统内置过滤器的现场定期试验；
— 一回路冷却剂系统中的测量；
— 反应堆容器、水池内衬和堆芯部件的在役检查；
— 二回路冷却系统的性能检查；
— 反应堆厂房安全壳泄漏率的试验或密封包容；
— 气动管道系统的试验；
— 应急供电系统的试验；
— 应急设备的试验；
— 检查消防系统。

(e) 辐射防护程序：

— 辐射调查和空气取样；
— 控制表面、人员和设备的污染，包括使用去污设施；
— 管制进入辐射区和在辐射区停留时间的行政措施；
— 控制职业照射，例如监控运行人员、临时人员和访客的外部照射和内部照射的程序；
— 个人防护设备的发放、选择、使用和维护；
— 放射性物质的监控以及放射性物质的包装和运输；
— 控制向环境排放和监控放射性物质；
— 反应堆冷却剂的分析；
— 密封放射源的库存、装卸和泄漏试验；
— 控制和定期评审运行，以确保辐射照射尽可能低。

(f) 运行、维护、辐照或实验的授权程序：

— 运行授权；
— 维护授权（如工作许可）；
— 改造授权；
— 实验授权；
— 辐照授权；
— 同位素生产授权。

(g) 运行人员对预计运行事件的响应程序：

— 对警报、断电、仪器仪表故障、管道泄漏的响应；

— 对实验、实验系统或设备故障的响应；

— 对异常放射性排放的响应；

— 对污染扩散的响应。

(h) 应急程序：

— 对于高空气传播放射性水平或区域放射性水平；

— 火灾或内部水淹；

— 龙卷风、飓风、台风、洪水、降水或其他与天气相关的紧急情况；

— 地震；

— 有或没有放射性污染的人员伤害；

— 可信反应堆事故，包括设计基准事故（例如，一回路冷却剂丧失、放射性物质异常排放、快速插入正反应性、显著燃料故障）和设计扩展工况；

— 飞机坠毁、破坏或企图破坏。

(i) 安保程序：

— 燃料贮存区的监视和警报系统试验；

— 设施接入点的监视和警报系统试验；

— 在反应堆运行期间和反应堆关闭时进行巡查和视察；

— 对设施进出控制（如识别徽章、门锁、闭路电视监控系统、电子卡钥匙）；

— 防止和/或应当对未经授权的侵入者；

— 应当对攻击；

— 应当对内乱。

(j) 处理放射性废物和控制放射性排放的程序：

— 固态放射性废物的监控、装卸、贮存和处置；

— 液态放射性废物的收集、监控、装卸和处置；

— 空气中气体和微粒放射性排放的监控。

(k) 长期关闭程序：

— 断开和拆除停止使用的系统；

— 防止系统或部件退化；

— 防止不希望使用已停止使用的系统或部件（如电源、隔离阀）。

(l) 支持退役准备工作的程序：

— 更新初始退役计划和相关文件；

— 实验设备的搬运、拆卸和处置；

— 拆除和处理活化的和受放射性污染的部件，以及处理放射性废物。

(m) 反应堆利用和改造程序：

— 试验或改造建议；

— 为了评审和批准的目的，确定实验或改造的安全显著意义；

— 评审和批准新的或修改的实验或改造；

— 进行实验，包括调试和退役；

— 进行改造，包括改造后的调试系统和设施文件的更新。

(n) 行政程序：

— 核材料的衡算和控制；

— 报告燃料库存；

— 乏燃料的运输；

— 运输货物货包的试验和认证放射性物质；

— 人员的资格、培训和复训；

— 记录的生成、收集和保留；

— 设备的隔离和标签；

— 给工作人员的关于下列物质可能对健康造成影响的指示辐射照射和相关法律要求；

— 内部沟通说明；

— 待命人员的安排；

— 质量管理；

— 运行经验反馈；

— 采购安全重要物项。

参 考 文 献

[1] 国际原子能机构《研究堆的安全》，国际原子能机构《安全标准丛书》第 SSR-3 号，国际原子能机构，维也纳（2016 年）。

[2] 国际原子能机构《研究堆的调试》，国际原子能机构《安全标准丛书》第 SSG-80 号，国际原子能机构，维也纳（2023 年）。

[3] 国际原子能机构《研究堆的维护、定期试验和视察》，国际原子能机构《安全标准丛书》第 SSG-81 号，国际原子能机构，维也纳（2023 年）。

[4] 国际原子能机构《研究堆堆芯管理和燃料装卸》，国际原子能机构《安全标准丛书》第 SSG-82 号，国际原子能机构，维也纳（2023 年）。

[5] 国际原子能机构《研究堆的营运组织和人员招聘、培训与授权》，国际原子能机构《安全标准丛书》第 SSG-84 号，国际原子能机构，维也纳（2023 年）。

[6] 国际原子能机构《研究堆设计与运行中的辐射防护与放射性废物管理》，国际原子能机构《安全标准丛书》第 SSG-85 号，国际原子能机构，维也纳（出版中）。

[7] 国际原子能机构《研究堆的老化管理》，国际原子能机构《安全标准丛书》第 SSG-10（Rev.1）号，国际原子能机构，维也纳（出版中）。

[8] 国际原子能机构《研究堆安全重要仪器仪表和控制系统与软件》，国际原子能机构《安全标准丛书》第 SSG-37（Rev.1）号，国际原子能机构，维也纳（出版中）。

[9] 国际原子能机构《研究堆安全评定和安全分析报告的编写》，国际原子能机构《安全标准丛书》第 SSG-20（Rev.1）号，国际原子能机构，维也纳（2022 年）。

[10] 国际原子能机构《研究堆的利用和改造安全》，国际原子能机构《安全标准丛书》第 SSG-24（Rev.1）号，国际原子能机构，维也纳（2022 年）。

[11] 国际原子能机构《核安全与安保术语：用于核安全、核安保、辐射防护、应急准备与响应》（2022 年暂定版），国际原子能机构，维也纳（2022 年）

[12] 国际原子能机构《核电厂运行限值和条件及运行程序》，国际原子能机构《安全标准丛书》第 SSG-70 号，国际原子能机构，维也纳（2022 年）。

[13] 国际原子能机构《分级方法在适用研究堆安全要求中的使用》，国际原子能机构《安全标准丛书》第 SSG-22（Rev.1）号，国际原子能机构，维也纳（2023 年）。

[14] 国际原子能机构《安全的领导和管理》，国际原子能机构《安全标准丛书》第 GSR Part 2 号，国际原子能机构，维也纳（2016 年）。

[15] 国际原子能机构《设施和活动管理系统的适用》，国际原子能机构《安全标准丛书》第 GS-G-3.1 号，国际原子能机构，维也纳（2006 年）。

[16] 国际原子能机构《核装置管理系统》，国际原子能机构《安全标准丛书》第 GS-G-3.5 号，国际原子能机构，维也纳（2009 年）。

[17] 国际原子能机构《核安全监管机构的职能和程序》，国际原子能机构《安全标准丛书》第 GSG-13 号，国际原子能机构，维也纳（2018 年）。

[18] 国际原子能机构《放射性废物处置》，国际原子能机构《安全标准丛书》第 SSR-5 号，国际原子能机构，维也纳（2011 年）。

[19] 联合国粮食及农业组织、国际原子能机构、国际民用航空组织、国际劳工组织、国际海事组织、国际刑警组织、经济合作与发展组织核能机构、泛美卫生组织、全面禁止核试验条约组织筹备委员会、联合国环境规划署、联合国人道主义事务协调厅、世界卫生组织、世界气象组织，《核或辐射应急准备与响应》，国际原子能机构《安全标准丛书》第 GSR Part 7 号，国际原子能机构，维也纳（2015 年）。

[20] 联合国粮食及农业组织、国际原子能机构、国际劳工组织、泛美卫生组织、联合国人道主义事务协调厅、世界卫生组织，《核或辐射应急准备的安排》，国际原子能机构《安全标准丛书》第 GS-G-2.1 号，国际原子能机构，维也纳（2007 年）。（修订版编写中）

[21] 国际原子能机构《关于核材料和核设施实物保护的核安保建议》（《情况通报》第 INFCIRC/225/Revision 5）号，国际原子能机构《核安保丛书》第 13 号，国际原子能机构，维也纳（2011 年）。

[22] 国际原子能机构《核材料和核设施的实物保护》（INFCIRC/225/Rev.5 实施），国际原子能机构《核安保丛书》第 27-G 号，国际原子能机构，维也纳（2018 年）。

[23] 国际原子能机构《核设施寿期中安保》，国际原子能机构《核安保丛书》第 35-G 号，国际原子能机构，维也纳（2019 年）。

[24] 国际原子能机构《制定核设施核安保应急计划》，国际原子能机构《核安保丛书》第 39-T 号，国际原子能机构，维也纳（2019 年）。

[25] 国际原子能机构《放射性废物处置前管理》，国际原子能机构《安全标准丛书》第 GSR Part 5 号，国际原子能机构，维也纳（2009 年）。

[26] 国际原子能机构《核电厂和研究堆放射性废物处置前管理》，国际原子能机构《安全标准丛书》第 SSG-40 号，国际原子能机构，维也纳（2016 年）。

[27] 国际原子能机构、联合国环境规划署，《放射性流出物排入环境的监管控制》，国际原子能机构《安全标准丛书》第 GSG-9 号，国际原子能机构，维也纳（2018 年）。

[28] 国际原子能机构《放射性物质安全运输条例》（2018 年版），国际原子能机构《安全标准丛书》第 SSR-6（Rev.1）号，国际原子能机构，维也纳（2018 年）。

参与起草和审订人员

Abou Yehia, H.	国际原子能机构
D' Arcy, A.	顾问（南非）
Hardesty, D.	美国核管制委员会
Hargitai, T.	顾问（匈牙利）
Hirshfeld, H.	以色列原子能委员会
Kennedy, W.	国际原子能机构
McIvor, A.	顾问（加拿大）
Naseer, F.	国际原子能机构
Perrin, C.D.	阿根廷核监管机构
Rao, D.V.	国际原子能机构
Sears, D.F.	国际原子能机构
Shaw, P.	国际原子能机构
Shim, S.	国际原子能机构
Shokr, A.M.	国际原子能机构

IAEA
国 际 原 子 能 机 构

No. 27

当 地 订 购

国际原子能机构的定价出版物可从我们的主要经销商或当地主要书商处购买。
未定价出版物应直接向国际原子能机构发订单。

定价出版物订单

请联系您当地的首选供应商或我们的主要经销商：

Eurospan
1 Bedford Row
London WC1R 4BU
United Kingdom

交易订单和查询：
电话：+44 (0) 1235 465576
电子信箱：trade.orders@marston.co.uk

个人订单：
电话：+44 (0) 1235 465577
电子信箱：direct.orders@marston.co.uk
网址：www.eurospanbookstore.com/iaea

欲了解更多信息：
电话：+44 (0) 207 240 0856
电子信箱：info@eurospan.co.uk
网址：www.eurospan.co.uk

定价和未定价出版物的订单均可直接发送至：

Publishing Section
International Atomic Energy Agency
Vienna International Centre
PO Box 100
1400 Vienna, Austria
电话：+43 1 2600 22529 或 22530
电子信箱：sales.publications@iaea.org
网址：https://www.iaea.org/zh/chu-ban-wu

24-01016C

FSC
www.fsc.org
MIX
Papier | Fördert gute Waldnutzung
FSC® C083411

Kolibri 360 GmbH
Ferdinand-Jühlke-Straße 7
99095 Erfurt, Deutschland
produktsicherheit@kolibri360.de